減醣家常菜

「台菜小天王」溫主廚的減醣瘦身料理 ｜暢銷慶功版｜

「台菜小天王」溫國智的台式減醣料理

作者──溫國智 主廚　　審訂──洪青

68 EASY LOW CARB RECIPES.

68 EASY LOW CARB RECIPES.

雷立芬
✕
台大農經系主任

輕鬆做飯、健康跟著來！

　　現代人營養過剩，糖尿病、心血管疾病盛行，以致時下食用減糖與減醣食品已經蔚為風氣。但是澱粉類食物或含糖食品隨手可得，談何容易？溫主廚用心專研減糖與減醣食譜，讓有心在家烹調的男女老少都能做出健康菜餚。自 2019 年嚴重特殊傳染性肺炎 (COVID-19) 肆虐，在家遠距上班、上學成為常態，宅在家，更有時間為自己煮一餐健康又好吃的飯。

　　輕鬆做飯、健康跟著來！應該是這本食譜的精髓。

張麗善

╳

雲林縣長

雲林，我的菜；良品，給你愛

「食以味為鮮」，雲林大地上滿屏食材，全國三分之一的食材來自雲林，農業總產銷高居台灣第一名，說是「台灣餔籃」應不為過。「每天都要好好吃飯」，民以食為天，飲食文化淵源流長。

「雲林，我的菜」，台灣菜（簡稱台菜）指在臺灣創造、或富有臺灣特色的菜餚，經過歷史的變遷融合了各個時代與不同文化特色，而雲林生產的菜是用台灣的根，那是一種堅持的初心與苦盡甘來的故事，台菜是佳餚美食，雲林食材是根。

「良品，給你愛」，雲林良品以縣內的農特產、食品加工產品、文創與悠遊場域，凡是在雲林縣生產及加工的產品，都能申請加入。在經過嚴格的把關與審核之後，通過評選後的產品才授予認證標章，為在地的產品注入嶄新價值，能讓多數人喜歡，良品，給你愛。

「人生就像一道菜，讓我們一起品嚐！」人生的道路體會世態的炎涼，

也見證過人間的溫情與體會各種五味雜陳的滋味，就像雲林台菜一樣，自己親自嘗過酸、甜、苦、辣，才懂得什麼是在地的舌尖美味，用點心品嚐台菜的同時，也能瞭解從甘苦到享樂的過程。

　　本書由金牌主廚溫國智師傅撰寫，收錄了近 40 項通過「雲林良品」認證的優質農特產品台菜及減醣料理，如雲林豬肉、雲林雞蛋、雲林蔬菜、知名桂丁雞、台西文蛤沙蝦、莿桐蒜頭等，在書中都有詳盡的介紹。另有許多縣內的優質農特產品，如古坑咖啡、斗六筍乾、林內木瓜、雲林馬鈴薯、大埤酸菜、虎尾花生、崙背鮮乳、土庫蜂蜜、北港麻油、西螺米、二崙西瓜、四湖小番茄、口湖扁魚、口湖烏魚子、水林番薯、東勢五彩胡蘿蔔、元長黑金剛花生等，將我認識的雲林分享給您，這些都是農民在雲林大地上一生懸命，用感情和專業投入的心血產出，優質的食材讓大家看到雲林靈魂，有光有神，同時也成為餐桌上美味最堅強的後盾。

　　雲林食材你嚐了嗎？享受台灣美食，從雲林良品開始，享煮雲林味台菜美食，從《「台菜小天王」溫主廚的減醣瘦身料理》開始。

焦志方
✕
知名主持人

透過減醣，重拾食物的原味

最早的人們飲食是為了生存，能夠活下去才會有明天，因此那裡管的了什麼色香味…吃了再說！當生活品質漸漸變好，文明的趨動下讓大家的飲食愈來愈精緻，不但講究刀工、火候和調味，就連上桌時的器皿和盤飾都不斷的拿捏推敲；可是，在物極必反的輪迴下，現代的人們開始返樸歸真的想要重拾食物的原味，並且斤斤計較吃進嘴裡的東西，對身體健康所能提供的營養和負擔。

剛開始認識溫國智的時候，或許因為年輕、或許因為正在打拼，所以是個皮膚黝黑的瘦小夥子，這些年來，可能因為幫忙太太解決了三次月子餐，所以身材微微發福，但是很快的他又透過減醣的料理找回了精壯的體型。

如今，他集結了許多現代人飲食裡的好東西，例如：苦茶油、未來肉、味噌、蒟蒻，搭配四季的在地食材，設計了許多家常的料理食譜，光看這

些菜色的照片就讓人食指大動，忍不住想要來碗白飯，再細看那些料理的步驟，真的沒有那麼困難！後疫情時代，大家居家動手做料理的機會大大的提高了，有人統計，重新在家烹煮三餐的人提高了將近四成，這個時候推出這本食譜真的造福全民，相信每個人擁有了這本食譜，彷彿拿到了防疫時期最好的禮物。

　　希望透過這本食譜，讓所有人家裡的餐桌都能再次飄出飯菜香，更希望所有人藉由這本食譜都能變得和溫師傅一樣帥氣又健康。

溫國智
✕
作者序

　　這本書花費我 3 年的時間，我親身試驗書裡的每一道減醣菜單，也因此讓我二個多月就瘦下了近 8 公斤，再次回到 20 多歲時的體重。

　　隨著年紀增長代謝變慢，也沒有特別多吃什麼，體重就一直往上升，讓我非常苦惱。近年來流行著各式各樣的減重方法，其中我嘗試了 168 減重法，再加上減醣飲食雙效並進，這方法對於減重是最有效的。

　　減醣飲食是可以持之以恆的去完成，並能夠沒有壓力的達到自己設定的體重目標。讓大家在享用我所分享的料理的同時，也讓你的目標體重逐漸達標。

　　這是一本非常實用的減醣工具書，也希望大家會喜歡，而且裡面的每一個步驟、每一道菜，都是我親身體驗。每道菜的營養都很均衡，若你吃膩了枯燥、無味的單調減肥餐，請試試書裡的 68 道減醣料理，讓我們一起享受美味並重拾健康的飲食和生活！

CHAPTER 1 ╳ 正確減醣更健康

CHAPTER 2 ╳ 減醣家常料理

CHAPTER 1
正確減醣
更健康

現代人生活步調緊湊、三餐外食，常喝含糖飲料，攝取過多的熱量，加上運動量不足，且隨著年齡增加，基礎代謝率下降，很容易造成肥胖，罹患代謝症候群的風險也會增加，所以減醣是目前大家重要的課題。

01

×

正確認識醣與糖

「醣」與「糖」有什麼不一樣？

我們的飲食中很容易接觸到糖，但「糖」和「醣」常常讓人困惑，這兩者到底有何不一樣？

「醣」類，俗稱「碳水化合物」，主要的功能在供給身體所需要的能量。1公克的醣類可以產生4大卡的熱量，常見於全穀雜糧類、乳品類、蔬菜類及水果類。按照分子結構的不同，可分為單醣（葡萄糖、果糖、半乳糖）、雙醣（麥芽糖、蔗糖、乳糖）、多醣類（澱粉類、肝醣）、寡醣（木寡糖、果寡糖）。

熱量來源三大營養素主要是醣類、脂質、蛋白質。首先進到身體裡的醣（碳水化合物），部分以肝醣（Glycogen）的形式儲存在體內，當在緊急狀況下時，肝臟中的肝醣會分解來提供熱量，當肝醣不夠使用時，就會開始燃燒脂肪。

米字旁的「糖」

一般吃起來甜甜的「糖」，不是食物本身含有的天然糖分，是額外加工精緻而成，像白糖、砂糖、紅糖、黑糖、果糖、麥芽糖…等。這些精緻糖，屬於「醣」的一部份，只單純提供熱量，幾乎不含營養素，攝取後很容易讓血糖迅速上升，引起肥胖和代謝症候群，造成身體的危害。

吃太多精緻糖壞處

　　糖吃太多容易造成肥胖、蛀牙、皮膚老化、罹患代謝症候群、慢性病、阿茲海默症、癌症的風險，也會影響心理健康（例如：負面情緒變多、內分泌失調、憂鬱症…等），可見糖份攝取的多寡對身體健康影響很大，因此盡量避免食用。

（圖片資料來源：教育部學校衛生資訊網）

何謂精緻澱粉

　　指的是加工去除麩皮、種皮而成的食物，像是白米飯、白饅頭、白吐司、米粉、白麵包、白麵條、湯圓等。這些食物很快被人體吸收，使血糖快速上升，因此建議不要吃太多。

白麵條和甜點，都是加工後的精緻澱粉。

02

✕

正確認識減醣飲食

....

何謂減醣飲食？

　　很多人會說，減醣就是不能吃澱粉，其實要特別釐清一下，減醣的觀念是從減少攝取精緻糖及精緻澱粉開始。均衡飲食的醣類佔總熱量的 50 ～ 60%，蛋白質 10 ～ 20%，脂質 20 ～ 30%，減醣飲食是將醣類比例減少

請減少精緻澱粉的攝取，如：甜點及含糖飲料。

到總熱量的 30 ～ 40%，蛋白質比例提高到 20 ～ 30%，脂質比例增加到 30 ～ 40%，醣類所減少的部分是藉由增加蛋白質及脂肪的含量，來達到每日所需要的總熱量。

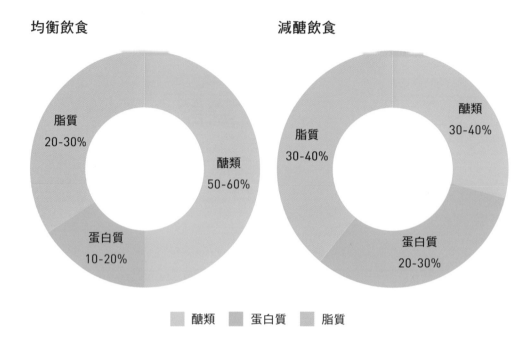

均衡飲食

脂質
20-30%

醣類
50-60%

蛋白質
10-20%

減醣飲食

醣類
30-40%

脂質
30-40%

蛋白質
20-30%

醣類　蛋白質　脂質

減醣飲食怎麼吃？

　　減醣飲食是建立在均衡飲食上，然後減少醣類（碳水化合物）攝取量。起初要馬上減少碳水化合物的份量，可能沒那麼簡單，可以先從不吃甜點、不吃零食、不喝含糖飲料、減少精緻糖攝取開始，同時選擇對身體好的原型澱粉，才是正確的觀念。

　　原型澱粉（例如：糙米、燕麥、全麥麵包、地瓜、馬鈴薯、南瓜、山藥、玉米和芋頭）對身體的好處是能幫助生成肌肉及燃燒脂肪，尤其在運動前後，需要補充適量醣分作為維持肌肉的能量。

請選擇攝取健康的原型澱粉。

減醣飲食 7 要點

❶ 減醣時，碳水化合物比例佔總熱量的 30% ～ 40%，可用原型澱粉（糙米、全麥麵包、地瓜、芋頭、南瓜、山藥、玉米和馬鈴薯）取代精緻澱粉（白米、白麵條、白吐司和白饅頭）。

攝取健康的原型澱粉及蔬果，有利血糖的穩定。

❷ 選擇以優質蛋白質（例如：豆製品、魚、蛋、肉、毛豆及海鮮等）為主，提高到 20%~30% 比例，蛋白質在腸道消化時間較長，可以減少飢餓感。

❸ 選擇好油（例如：橄欖油、芝麻油、苦茶油、無調味堅果等）。

❹ 可選擇較低糖分的水果，例如蘋果、芭樂、奇異果或小番茄等，建議少吃太甜的水果。

❺ 建議每日至少攝取 2 份蔬菜，會使膳食纖維增加，提高飽足感，有利血糖的穩定。

❻ 進食順序應盡量先吃蔬菜類來增加飽足感，接著吃蛋白質類的食物，最後再吃澱粉，藉由改變進食順序，可以減少醣類的攝取。

❼ 每天需補充足夠的水分，約 1,500 ～ 2,000 c.c，分多次喝，建議喝白開水、無糖茶飲，避免含糖飲料。

03

減醣對人體好處

為什麼要減醣？

當身體攝取過多的醣類時，會使血糖上升，胰島素分泌增加，將醣類轉為脂肪儲存，進而造成肥胖、脂肪肝、三高等慢性疾病。

人體一定要有醣

當體內醣類不足時，身體所需的能量也會跟著下降，但為了正常運作，會由蛋白質取代醣類來提供能量，進而分解消耗蛋白質。而醣類也會參與脂質氧化的過程，讓脂質完全氧化，否則會導致酮酸中毒。

人體神經細胞的能量來源，是由醣類中的葡萄糖來獲得，所以要維持腦細胞的正常功能，醣類中的葡萄糖是不可或缺，建議每天至少攝取 130g 的醣類，以維持身體正常運作。

減醣對人體好處

❶ 優質澱粉可以幫助膳食纖維、維生素、礦物質等營養素的吸收，不僅增加飽足感，對減肥也是有幫助。

❷ 減醣期間可以多攝取低醣的蔬菜，像是地瓜葉、芥藍菜、空心菜、紅

蘿蔔、白蘿蔔、青江菜、白花椰菜、綠花椰菜、苦瓜、牛番茄、菇類、筍類等。

❸ 減醣飲食讓血糖較穩定，不容易有飢餓感。

❹ 減醣時，不可控制過度，每餐都可以正常吃，減少暴飲暴食的機會發生。

❺ 減醣對提高精神與專注力有所幫助。

可以選擇攝取低醣的蔬菜，如：菇類、牛番茄。

減醣時容易遇到的問題

Q1 │ 低醣食物可以吃更多嗎？

A 不行，每種食物都有營養素，即便再營養的食物也不能吃太多，還是要注重營養均衡，過與不及且方法錯誤都會造成身體負擔，容易使體重不減反增。

Q2 │ 減醣就是不能吃澱粉嗎？

A 錯，澱粉屬於醣類的一種，減醣飲食是將醣類比例從 50 ～ 60% 減少至 30 ～ 40%，所以需要減少攝取含糖飲料、甜食、零食等精緻糖食物。

Q3 │ 減醣期間，如果覺得餓的時候，該怎麼做？

A 可以補充少量的無糖豆漿、水煮蛋、無調味堅果、水煮雞胸肉來減少飢餓感。

Q4 │ 素食者也能減醣嗎？

A 可以，素食者可以改用豆類、蔬菜、堅果、水果、毛豆來做搭配，奶蛋素者也可以搭配雞蛋與牛奶。

Q5 │ 減醣期間如果遇到停滯期該怎麼做？

A 不管哪種方式的減肥都會遇到停滯期，因此如果想要突破，必須要堅持下去，調整心態及運動方式，如果使用不當的方式來進行，一段時間以後容易對身體造成傷害，而且更容易復胖！

實施減醣飲食時，可以適量攝取水煮雞胸肉。

Q6 │ 懷孕或哺乳的婦女可以減醣嗎？

A 胎兒及嬰兒發育過程中，需要很多的營養素（例如：葉酸、維生素B1、B2、鎂、鐵、鋅、鈣…等），因此建議懷孕或哺乳的婦女採取均衡飲食是最好的方式。

　　營養師小叮嚀：慢性疾病患者（如：糖尿病、心血管疾病…等），如果有需要進行減醣飲食，因每個人的飲食習慣、運動習慣、體質和服藥情形不同，建議找專業醫師及營養師諮詢與評估。

CHAPTER 2
減醣家常料理

吃得開心，才能夠維持減醣生活。
多樣化的減醣料理，餵飽自己的胃和心靈。
跟著溫主廚一起做料理，
找到屬於你的健康、營養及飽足的飲食日常。

美味減醣 TIPS

❶ 未來肉的醬汁也可以用來拌飯或拌青菜。

❷ 蒟蒻富有飽足感，口感 Q 彈、熱量又低，是健康飲
食的好選擇。

01

苦茶油未來肉拌蒟蒻麵

| 料理特色 | 無奶蛋，高纖維，高蛋白，低 GI，低卡路里 |
| 份量 | 1 人份 |

含醣量
162.4g

蛋白質
10.6g

脂肪
38.3g

近年來環保議題及減醣風氣盛行，未來肉也大行其道。未來肉就是指大豆蛋白，在台灣的素食界裡早已有多樣化的商品樣貌。而這道料理使用的是絞肉形狀的大豆蛋白，咀嚼起來的口感就如同一般肉類口感般，既好吃又美味！

✦ 材料

蒟蒻麵 200 公克
未來肉 50 公克

✦ 調味料

醬油 1 大匙
苦茶油 2 大匙
胡椒粉 1/4 小匙

✦ 作法

1　將蒟蒻麵汆燙約 1 分鐘撈起，備用。
2　將未來肉浸泡 2 小時至漲發，瀝乾備用。
3　鍋中加入未來肉、調味料、蒟蒻麵煮至入味，即可盛盤。

美味減醣 TIPS

❶ 苦茶油可以用來拌炒各式蔬菜，尤其是拌麵或拌飯更是好吃。

❷ 油菜是高纖維的蔬菜，是減醣的盛品。

02

苦茶油炒油菜

含醣量
6.28g

蛋白質
19.4g

脂肪
19.9g

料理特色　無奶蛋，高纖維，低 GI，低卡路里
份量　3 人份

苦茶油是東方的橄欖油，具有豐富營養素，是適合東方及台灣人的烹調習慣的油質，就算在中高油溫加熱下也不會變質。這道料理包覆油菜的粗纖維，吃起來富含苦茶油的香氣。

✦ 材料

「雲林良品」油菜 300 公克
「雲林良品」五花肉 50 公克
薑絲 10 公克
辣椒絲 10 公克
苦茶油 1 大匙

✦ 作法

1 將五花肉切成絲，備用。

2 起鍋加入 1 大匙苦茶油爆香五花肉絲、薑絲、辣椒絲，加入油菜及調味料拌炒均勻即可盛盤。

✦ 調味料

黃豆醬 2 大匙
水 50 公克

美味減醣 TIPS
❶ 蝦醬可以炒空心菜及高麗菜，可以做成 1 瓶放冰箱，
　 下次要炒時直接取出，既節省時間又方便。
❷ 四季豆是減醣的好食材，也可以汆燙後涼拌食用。

03

苦茶油蝦醬四季豆

含醣量
9.6g

蛋白質
7.8g

脂肪
30.6g

料理特色　無奶蛋，高纖維，低 GI，低卡路里
份量　　2 人份

四季豆是大朋友和小朋友都很喜愛的食材，這道菜和大家分享是用蝦醬（開陽、金勾蝦）和四季豆搭配，是比較重口味的一道菜品。

✦ 材料

四季豆 200 公克
開陽 20 公克
辣椒 10 公克
蒜末 10 公克
苦茶油 1 大匙

✦ 作法

1　四季豆折成 4 公分長段，備用。
2　起鍋加入苦茶油爆香蒜末、辣椒、開陽，加入所有調味料，放入四季豆拌炒均勻即可。

✦ 調味料

辣油 1 大匙
魚露 1 大匙

04

苦茶油蹄筋燴鳥蛋

含醣量
14.93g

蛋白質
50.33g

脂肪
18.64g

| 料理特色 | 高蛋白 |
| 份量 | 2 人份 |

鳥蛋是很好的蛋白質來源，加入蹄筋一起料理，營養更豐富。這道菜也很適合作為便當菜，覆熱後也不會變色，依然美味。

✦ 材料

蹄筋 300 公克
鳥蛋 100 公克
蒜頭 30 公克
蔥段 20 公克
「雲林良品」青江菜 100 公克
苦茶油 1 大匙

✦ 調味料

醬油 2 大匙
胡椒粉 1/4 小匙
水 300 公克

✦ 醃料

醬油 1 大匙

04

苦茶油蹄筋燴鳥蛋

美味減醣 TIPS
❶ 也可以加入菇類，增加口感。
❷ 紅燒類的減醣料理，只能加入適量醬油，若是完全
不加糖，可以利用蒜頭及洋蔥，來增加這道料理的
甘甜味。

✦ 作法

1 鳥蛋加入醃料醃製約 5
分鐘，備用。

2 起油鍋加入鳥蛋炸至金
黃色撈起，備用。

3 鍋中加入水煮沸，放入
青江菜汆燙撈起排入盤
中，加入蹄筋汆燙撈起，
備用。

4 鍋中加入 1 大匙苦茶油，
放入蒜頭、蔥段爆香，
加入調味料、蹄筋、鳥
蛋燒至入味即可盛盤。

美味減醣 TIPS

❶ 也可以加入一些木耳或是紅蘿蔔,增加爽脆口感。

❷ 蛋白質對於減醣的人來説,是飽足感的來源,在蛋類料理加入蔬菜,也可以增加纖維的吸收。

05

鮮蚵煎蛋

| 料理特色 | 高蛋白 |
| 份量 | 2 人份 |

含醣量
21.3g

蛋白質
59.3g

脂肪
11.4g

運用鮮蚵及蛋類做的料理,通常一上餐桌就會立刻被秒殺。可以加入蒜苗及九層塔,增加蔬菜的份量,口感也比較豐富。

✦ 材料

鮮蚵 150 公克
「雲林良品」健康蛋 4 個
蒜末 20 公克
蒜苗 100 公克
「雲林良品」胛心絞肉 50 公克
九層塔 5 公克
辣椒末 10 公克

✦ 調味料

胡椒粉 1/4 小匙
鹽 1/4 小匙

✦ 作法

1　將鮮蚵去細殼、蒜苗切末、九層塔切末,備用。

2　鍋中加入水煮沸,放入鮮蚵汆燙撈起,備用。

3　鍋中加入 1 大匙油,放入蒜末、絞肉炒香取出備用。

4　取一容器將蛋打入,放入鮮蚵、蒜苗、絞肉、九層塔及調味料攪拌均勻。

5　鍋中加入 3 大匙油,將蛋液放入煎至金黃色,灑上辣椒末即可盛盤。

美味減醣 TIPS

❶ 苦瓜可以切薄片做涼拌菜，也可以切厚片煮湯，各有不同的風味。

❷ 吃苦瓜可以幫助體內環保，尤其是對要減醣的人來說，若火氣太大，可以吃苦瓜平衡一下。

06

苦茶油金銀蛋苦瓜

| 料理特色 | 高纖維，低 GI，低卡路里 |
| 份量 | 2 人份 |

含醣量
27.4g

蛋白質
23.3g

脂肪
16.5g

鹹蛋加苦瓜的料理，在炎炎夏日是很消暑的菜餚。我常常說苦瓜是智慧菜，人到了一定的年紀，就會開始愛上苦瓜，也會長智慧。在台灣苦瓜改良品種有多種，也有苦味較低的蘋果苦瓜，水份多、果肉厚，口感更好。

✦ 材料

苦瓜 400 公克
皮蛋 1 粒
鹹蛋 1 粒
蒜末 10 公克
辣椒末 10 公克
「雲林良品」蔥花 20 公克
苦茶油 1 大匙

✦ 調味料

胡椒粉 1/4 小匙
水 100 公克
鹽 1/4 小匙

✦ 作法

1　皮蛋蒸熟去殼切小丁，鹹蛋去殼切末，苦瓜切片，備用。

2　鍋中加入水煮沸，放入苦瓜汆燙撈起，備用。

3　鍋中加入 1 大匙苦茶油，放入鹹蛋炒至起泡，加入苦瓜、皮蛋、蒜末、辣椒末、蔥花及調味料，拌炒均勻即可盛盤。

美味減醣 TIPS

❶ 白精靈菇也可以做成三杯口味料理。

❷ 菇類食材對需要減醣的人來説是很重要的食材,菇類熱量低又高纖,吃起來富有飽足感,是非常健康的食材。

07

苦茶油薑絲菇菇腸

含醣量
40.6g

蛋白質
50.5g

脂肪
20.7g

料理特色　高纖維，低 GI，低卡路里
份量　3 人份

近年來興起的白精靈菇，淡雅的香味還有多汁的口感，搭配素腸及九層塔，增加了香味及食材豐富度。在炒菇時要先煸香，可以增加風味。

✦ 材料

白精靈菇 300 公克
薑絲 100 公克
九層塔 10 公克
辣椒 10 公克
素腸 200 公克
苦茶油 1 大匙

✦ 作法

1　白精靈菇切段、辣椒切片、素腸撕成片，備用。

2　鍋中加入白精靈菇，乾煸至有香氣，取出備用。

3　鍋中加入 1 大匙苦茶油，爆香素腸、薑絲、辣椒，再加入白精靈菇、調味料拌炒均勻，最後放入九層塔拌勻即完成。

✦ 調味料

白醋 2 大匙
醬油 1 大匙
黃豆醬 1 大匙

08

苦茶油豆苗冬菇盒

含醣量
13.0g

蛋白質
44.5g

脂肪
22.1g

[料理特色] 高蛋白，無奶蛋，高纖維

[份量] 2 人份

這是一道適合作為宴客菜的料理，有分豆苗及香菇丸二種烹調手法，事先可以將香菇丸做好，要烹調時再拿出來加熱，就能縮短烹調的時間。

✦ 材料

豆苗 150 公克
冬菇 150 公克
薑末 10 公克
「雲林良品」胛心絞肉 150 公克
蛋白 50 公克
紅蘿蔔 10 公克
苦茶油 1 大匙

✦ 調味料

醬油 1 大匙
米酒 1 大匙
胡椒粉 1/4 小匙

美味減醣 TIPS
❶ 這道也可以做成紅燒的口味，或是加入辣醬來烹調，也很好吃。
❷ 專家認為冬菇不但能維持心血管健康，更有助預防癌症。冬菇還有助提升人體免疫力及抗氧化等功用。菇類食材對需要減醣的人來說，也是很適合的食材。

08

苦茶油豆苗冬菇盒

✦ 作法

1　豆苗挑去老葉洗淨，冬菇去蒂頭，紅蘿蔔切末備用。

2　容器內放入絞肉，加入調味料及蛋白攪拌均勻，備用。

3　冬菇上放入作法 2 並捏成球狀，撒上一點紅蘿蔔末，大火蒸 10 ～ 12 分鐘。

4　起鍋加入苦茶油，放入豆苗拌炒均勻置入盤中，再放上蒸好的冬菇盒即可。

美味減醣 TIPS

❶ 雞絲可以搭配各式蔬菜，也可以加入紅蘿蔔一起料理。

❷ 雞胸肉和杏鮑菇一起烹調，是一道是低醣高纖的料理，既好吃又健康。

09

苦茶油杏鮑菇雞絲

含醣量
46.33g

蛋白質
35.17g

脂肪
16.92g

料理特色　高蛋白、無奶蛋，高纖維

份量　2 人份

雞胸肉在減醣人的眼中簡直是聖品，它是完全沒有醣，又富有飽足感的食材，是優質的蛋白質來源。

✦ 材料

杏鮑菇 200 公克
初朵菇 50 公克
綠竹筍 100 公克
蒜末 10 公克
蔥段 10 公克
「桂丁土雞」雞胸肉絲 100 公克
苦茶油 1 大匙

✦ 作法

1　杏鮑菇切片、初朵菇切片、綠竹筍切片，備用。
2　雞胸肉切絲，備用。
3　雞胸肉絲加入醃料約醃 10 分鐘，醃至入味，放入油鍋中煮熟取出，備用。
4　鍋中放入 1 大匙苦茶油爆香，放入蒜末、蔥段、初朵菇、綠竹筍、杏鮑菇及雞胸肉絲，並加入調味料拌炒均勻後，即可盛盤。

✦ 調味料

紅麴 3 大匙
醬油 1 大匙
白醋 1 小匙

✦ 醃料

鹽少許
蛋液 1 大匙

美味減醣 TIPS

❶ 也可以使用櫛瓜做成的麵條來料理，或是用大豆麵
也很美味。

❷ 這道料理是使用金針菇來取代麵條份量，份量比黑
芝麻麵多，而且金針菇口感豐富、纖維高，很適合
減醣的人食用。

10

菇菇黑芝麻麵

料理特色 無奶蛋，高纖維

份量 2 人份

含醣量
82.18g

蛋白質
22.23g

脂肪
6.3g

精緻澱粉醣份含量較高，所以在麵粉內加入黑芝麻，可以增加營養。另外在烹調過程中加入了大量的蔬菜，補充攝取纖維質。

✦ 材料

袖珍菇 50 公克
金針菇 150 公克
鴻喜菇 50 公克
黑芝麻麵 100 公克
「雲林良品」蔥 10 公克

✦ 調味料

醬油 1 大匙
高湯 400 公克

✦ 作法

1　袖珍菇、金針菇、鴻喜菇切段、蔥切末，備用。

2　鍋中加入水煮沸，放入黑芝麻麵汆燙至熟撈起，備用。

3　鍋中放入袖珍菇、金針菇、鴻喜菇、黑芝麻麵及調味料，煮至熟成即可盛盤，並灑上蔥花。

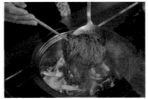

美味減醣 TIPS

❶ 可以用煎過的茭白筍來取代杏鮑菇。

❷ 這道菜料理方式簡單又好吃，煮給家人吃，一下子
就被掃盤了。

11

孜然杏鮑菇

含醣量
21.17g

蛋白質
14.11g

脂肪
4.75g

料理特色　高纖維，低 GI，低卡路里
份量　2 人份

杏鮑菇輪切成大塊狀，可以保持菇內的水份，在口中咬下去有爆漿的感覺，也有咀嚼肉類的口感。這道料理將杏鮑菇和孜然粉一起搭配使用，非常好吃。

✦ 材料

杏鮑菇 400 公克
「雲林良品」青蔥 20 公克

✦ 調味料

孜然粉 1 大匙

✦ 作法

1　杏鮑菇切塊、蔥切末，備用。
2　起油鍋放入杏鮑菇煸至金黃，撈起備用。
3　鍋中放入 1 大匙油爆香蔥末，放入杏鮑菇、調味料，拌炒均勻即可盛盤。

美味減醣 TIPS

❶ 馬鈴薯含醣量約 15.8g（100g），比起其它根莖類，如：芋頭或地瓜，含醣量算低，但仍需要注意食用量。記得料理時要少油少調味，也能吃得健康不發胖。

12

酸辣洋芋絲

| 料理特色 | 高纖維，低 GI |
| 份量 | 2 人份 |

含醣量
34.75g

蛋白質
5.65g

脂肪
0.57g

原型食物「馬鈴薯」切成細絲，利用快速拌炒方式料理，即可保持脆口的狀態，滿足減醣的人的口腹之慾，我們家人都很喜歡吃，推薦給大家。

✦ 材料

馬鈴薯 200 公克
薑 10 公克
辣椒 20 公克

✦ 調味料

「雲林良品」檸檬（汁）1
大匙

✦ 作法

1　馬鈴薯切絲，辣椒、薑切末，備用。
2　鍋中放入 1 大匙油，爆香薑末、辣椒末，放入馬鈴薯絲、調味料，拌炒均勻即可盛盤。

美味減醣 TIPS

❶ 可以用煎熟的荷包蛋或是五花肉，再搭配花椒，一
樣美味。

13

花椒板豆腐

| 料理特色 | 高蛋白 |
| 份量 | 2 人份 |

含醣量
37.3g

蛋白質
38.16g

脂肪
29.61g

豆腐香味濃郁，口感又比嫩豆腐來的硬一些，在烹調中比較不會破掉，這次和花椒結合更可以吃的出板豆腐的風味，大家可以試試。

✦ 材料

豆腐 400 公克
「雲林良品」青蔥 20 公克
「雲林良品」大蒜 10 公克
綠花椒粒 10 公克

✦ 調味料

醬油 2 大匙
花椒油 1 大匙

✦ 作法

1　豆腐切塊，蔥切末、蒜切末，備用。
2　起鍋，放入豆腐煎至金黃撈起，備用。
3　鍋中放入 1 大匙油爆香蔥末、蒜末，放入豆腐、調味料，拌炒均勻即可盛盤。

14

蘋果蝦鬆

| 料理特色 | 高纖維，高蛋白 |
| 份量 | 2 人份 |

含醣量
32.1g

蛋白質
22.8g

脂肪
16.1g

水果含有高糖份，減醣的朋友都不太敢放心食用。只要將蘋果加入菜餚中，即能滿足想吃水果的慾望。尤其是做成蘋果蝦鬆，是我們家小朋友的最愛。

✦ 材料

蘋果丁 200 公克
生菜葉 100 公克
蝦仁 200 公克
紅甜椒丁 20 公克
黃甜椒丁 20 公克
薑末 10 公克
香菇末 10 公克

✦ 調味料

鹽 1/4 匙
胡椒粉 1/4 小匙

✦ 醃料

鹽少許
蛋白 1 大匙

美味減醣 TIPS
❶ 蝦鬆食材可以使用各種口感較脆的水果代替，如：甜脆多汁的棗子。
❷ 享用水果料理時，最好利用中午時段食用，料理時也可以加入大量的蔬菜。

✦ 作法

1 蝦仁切碎加入醃料攪拌
  均勻,備用。

2 起油鍋放入作法1蝦鬆,
  稍微拌炒後取出備用。

3 鍋中加入1大匙油,爆
  香薑末、香菇末,放入
  紅甜椒丁、黃甜椒丁、
  蝦鬆、調味料、蘋果丁
  拌炒,放入盤中即完成。

4 享用時,在生菜葉上包
  入蝦鬆即可。

美味減醣 TIPS

❶ 也可以使用黃豆渣來做成豆渣丸子，口感會更豐富。

❷ 山藥中的澱粉也是醣類，要注意用量，這道料理使
用了 100 公克。

15

豆腐丸子

含醣量
40.26g

蛋白質
44.2g

脂肪
10.8g

料理特色｜高纖維
份量｜2 人份

豆腐是很好的大豆蛋白製品，對減醣的人來說可以增加飽足感。加入蝦漿可以增加咀嚼的香氣，再運用山藥泥來增加滑嫩的口感。

✦ 材料

山藥 100 公克
蝦漿 100 公克
蛋白 50 公克
芹菜 50 公克
香菜 10 公克
豆腐 300 公克

✦ 調味料

高湯 400 公克
胡椒粉 1/4 小匙

✦ 作法

1 山藥磨泥，芹菜切末，備用。
2 取一容器放入山藥、蝦漿、豆腐、蛋白攪拌均勻，備用。
3 鍋中放入調味料煮沸，將做法 2 用虎口捏成豆腐丸子煮至熟，即可盛盤。
4 最後撒上香菜即完成。

美味減醣 TIPS

❶ 沙茶醬也可以用來滷蔬菜，例如：毛豆和馬鈴薯，
　也非常美味。

❷ 這道豆干料理，不論熱的吃或冷的吃都可以，在下
　午若想要解饞，也是不錯的選擇。

16

沙茶豆干

| 料理特色 | 無奶蛋 |
| 份量 | 3 人份 |

含醣量
25.71g

蛋白質
43.06g

脂肪
45.44g

豆干也是大豆製品,加入少量的沙茶可以增加香味,味道也更濃郁。

✦ 材料

豆干 200 公克
芹菜 100 公克
辣椒 10 公克
「雲林良品」大蒜 10 公克
薑 10 公克

✦ 調味料

沙茶醬 1 大匙
醬油 1 大匙

✦ 作法

1　豆干、辣椒、薑、大蒜切片,芹菜切段,備用。
2　鍋中放入熱水煮沸,放入豆干汆燙,撈起備用。
3　鍋中加入 1 大匙油,爆香辣椒、蒜、薑,放入調味料、豆干、芹菜,拌炒均勻即可盛盤。

美味減醣 TIPS
1 豆皮也可以和蒟蒻絲一起拌炒，也很美味。
2 豆皮和小黃瓜這二種食材，都是減醣的重要食材，
  可以運用不同的烹調方式，或是調味料來變化。

17

黃瓜豆皮

含醣量
10.09g

蛋白質
27.45g

脂肪
9.03g

料理特色　無奶蛋，高纖維，低 GI，低卡路里

份量　2 人份

豆製品的豆皮和原型食物的小黃瓜，結合在一起料理，爽脆的口感可以讓減醣的人吃的很安心。

✦ 材料

豆皮 100 公克
小黃瓜 100 公克

✦ 調味料

醬油 1 大匙
胡椒粉 1/4 小匙

✦ 作法

1　豆皮切條，小黃瓜切絲，備用。

2　油鍋中放入豆皮、調味料，再加入小黃瓜煮至熟成，即可盛盤。

美味減醣 TIPS

❶ 子薑和豬肉及牛肉都很搭，在烹調時加入一些白醋可以增加風味。

❷ 依照料理的時間長短，會影響子薑的辣味，不太敢吃辣的人可以炒久一些，降低辣度。

18

子薑豬肉片

含醣量
10.09g

蛋白質
27.45g

脂肪
14.46g

料理特色　無奶蛋
份量　2 人份

子薑一般指剛發芽的薑,由於這些嫩薑的前端帶紫色,也有人稱為紫薑。子薑適合搭配肉類來料理,帶有微微的辛辣口感,也能增加食慾,具有暖胃驅寒的優點。

✦ 材料

「雲林良品」梅花涮肉片
100 公克
子薑 100 公克
四季豆 30 公克
薑汁 20 公克

✦ 調味料

醬油 2 大匙
水 200 公克
白醋 1 大匙

✦ 作法

1　四季豆切小丁、子薑切絲,備用。
2　梅花肉片加入薑汁醃約 5 分鐘入味,備用。
3　鍋中加入 1 大匙油爆香薑絲,加入梅花肉片、四季豆丁及調味料,燒至入味即可上菜。

美味減醣 TIPS

❶ 味噌也很適合和魚類一起烹調,例如:味噌鮭魚就
　超級美味的。

❷ 肉類和原型蔬菜的組合,就是減醣料理的絕配。

19

味噌豬排

| 料理特色 | 無奶蛋 |
| 份量 | 2 人份 |

含醣量
23.83g

蛋白質
44.24g

脂肪
30.98g

味噌是百搭的調味料，這道菜用了鳳梨汁代替糖來烹調，因為味噌較鹹，可以利用鳳梨汁來平衡鹹味，吃起來更有層次。

✦ 材料

豬排 200 公克
薑片 20 公克
高麗菜絲 50 公克
小黃瓜 20 公克
水 100 公克

✦ 調味料

味噌 4 大匙
鳳梨汁 4 大匙

✦ 作法

1　豬排斷筋，2 大匙調味料攪拌均勻，放入豬排醃約 10 分鐘至入味，備用。

2　鍋中加入 1 大匙油，放入薑片爆香，加入豬排煎至熟取出備用。

3　熟食砧板上放煎好的豬排，切成一口大小擺入盤中，依序放入高麗菜絲、小黃瓜裝飾，另鍋中放入 2 大匙調味料，加入水煮開後，淋在豬排上即完成。

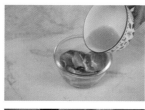

美味減醣 TIPS
❶ 也可用使用雞胸肉來做這道料理。
❷ 子排的組成有油脂、瘦肉、筋膜,肉厚質嫩中層夾
 有肥肉,是非常美味的食材。

20

桂花嫩子排

含醣量
35.68g

蛋白質
46.03g

脂肪
46.1g

料理特色　無奶蛋
份量　2 人份

排骨切成片狀，再用醃料醃至入味，放入鍋中煎至上色，就已經讓人口水直流了。放入乾桂花一起料理，也可以使用紅棗及鳳梨汁來替代甜味的糖，這是一道會讓人吮指回味的佳餚。

✦ 材料

子排 200 公克
紅棗 50 公克
白芝麻 5 公克

✦ 調味料 A

乾桂花 1 小匙
醬油 1 小匙
水 150 公克
鳳梨汁 10 公克

✦ 調味料 B

鹽 1/4 小匙
水 1 大匙
酒 1 大匙
全蛋液 1 大匙

✦ 作法

1 取一容器將子排及調味料 B 醃約 10 分鐘至入味，紅棗去子，備用。

2 起鍋加入 2 大匙油，放入子排煎至熟取出，備用。

3 將調味料 A 放入鍋中煮滾，加入紅棗煮至湯汁收乾，再放入排骨拌勻，取出排盤，灑上白芝麻即可享用。

21

宮保雞丁

| 料理特色 | 無奶蛋 |
| 份量 | 2 人份 |

減醣版的宮保雞丁，吃起來一樣香辣濃郁，用辣味及酸味來刺激一下平淡的味蕾吧。

含醣量
34.16g

蛋白質
94.62g

脂肪
63.71g

✦ 材料

「法洛斯」土雞腿肉 400 公克
乾辣椒 20 公克
蒜花生 100 公克
蒜頭 10 公克
蔥 10 公克
薑片 10 公克

美味減醣 TIPS
❶ 也可以使用豬肉片來做這道料理。
❷ 這道料理沒有添加糖，利用白醋來調和鹹味。

✦ 調味料

醬油 2 大匙
花椒油 1 大匙
米酒 1 大匙
白醋 2 大匙

✦ 醃料

醬油 1 大匙
米酒 1 大匙
全蛋液 1 個

✦ 作法

1　雞腿肉切大丁、蒜頭切末、蔥切段。

2　取一容器放入雞丁、醃料醃 5 分鐘至入味，備用。

3　鍋中加入 2 大匙油，放入雞丁拌炒上色取出，備用。

4　鍋中放入 1 大匙油，爆香乾辣椒、蒜末、蔥段、薑片，加入調味料後放入雞腿肉、蒜花生，拌炒均勻即可盛盤。

美味減醣 TIPS

❶ 也可以改用牛肉片來烤。

❷ 這道料理沒有添加糖，利用辣椒粉來調和鹹味。

22

韓式烤肉片

| 料理特色 | 無奶蛋，高纖維 |
| 份量 | 2 人份 |

含醣量
6.31g

蛋白質
17.5g

脂肪
34.0g

新鮮蔬菜搭配韓式烤肉，吃起來濃郁又清爽。烤過的肉富有香氣，吃膩了清淡料理，偶爾來道韓式烤肉換換口味吧。

✦ 材料

生菜葉 100 公克
「雲林良品」五花烤肉片
100 公克
韓式辣椒粉 1 小匙

✦ 調味料

醬油 1 大匙

✦ 作法

1　生菜葉洗淨，備用。

2　鍋中放入五花肉片煎烤，再加入調味料煮至熟，取出盛盤。

3　五花肉片撒上韓式辣椒粉，即可包入生菜葉享用。

23

香根肉絲

| 料理特色 | 無奶蛋 |
| 份量 | 2 人份 |

含醣量
21.68g

蛋白質
27.16g

脂肪
44.69g

這道是傳統的香根肉絲，只要把糖去掉，也是一道美味的減醣料理。

✦ 材料

「雲林良品」胛心肉絲 100 公克
香菜根 100 公克
薑絲 20 公克
蔥段 20 公克
辣椒絲 20 公克
香菇 60 公克

✦ 調味料

醬油 2 大匙
胡椒粉 1/4 小匙
白醋 1 小匙
水 100 公克

✦ 醃料

醬油 1 大匙
全蛋液 1 大匙

**【黑豆桑】極品養生
紅金醬油（無麥麩）**

穿越千年的好味道，濃香淳甘滴滴傳世，加了紅麴米釀造，天然極品養生。天然的食物色素，減鹽減糖、滋味回甘，沾炒拌紅燒滷肉皆可，一瓶您一定要吃過的好醬油！

美味減醣 TIPS
❶ 豬肉絲可以替換成雞胸肉絲，一樣美味。
❷ 香菜根的味道很香，是搭配蔬菜和肉類的絕佳食材。

✦ **作法**

1　肉絲加入醃料醃約 5 分鐘入味，香菇切絲，備用。

2　鍋中加入兩大匙油，放入肉絲拌炒均勻，取出備用。

3　原鍋加入薑絲、蔥段、辣椒絲、香菇爆香，加入調味料，放入肉絲、香菜根拌炒均勻即可盛盤。

24

白酒番茄蘑菇雞

含醣量
19.5g

蛋白質
72.94g

脂肪
19.86g

料理特色　無奶蛋

份量　2 人份

一般做白酒雞肉時，會沾麵粉再去煎，這次是用拌煮的，所以要控制好火的溫度，肉質才會嫩。也可以用汆燙雞肉的方式料理，可以先拌一些蛋液再下去燙會比較滑嫩。

✦ 材料

「桂丁土雞」雞胸肉 300 公克
番茄 100 公克
洋蔥丁 50 公克
巴西里末 2 公克
蘑菇 100 公克
義式綜合香料 10 公克

✦ 調味料

白酒 1 大匙
鹽 1/2 小匙
黑胡椒粒 1/4 小匙
水 100 公克

美味減醣 TIPS

❶ 也可以用白肉系列的魚肉來取代，記得要先煎過定型後，再下去烹調。

❷ 做減醣料理的調味料都比較少，可以像這道菜一樣，添加香料來增加風味。

✦ 作法

1　番茄去皮切成丁狀，蘑菇切丁，雞胸肉切片，備用。

2　鍋中加入些許油，爆香洋蔥丁、番茄丁、蘑菇丁，再放入雞胸肉及調味料煮至熟。

3　最後灑上巴西里末即完成。

美味減醣 TIPS

❶ 黃秋葵加牛肉下去烹調，口感及風味也很好，大家可以試試。

❷ 在減醣中雞腿使用機會比較少，但是只要加入大量的原型蔬菜一起烹調，就是一道營養滿分的料理。

25

黃秋葵炒雞柳

含醣量
33.26g

蛋白質
43.16g

脂肪
47.74g

料理特色　高纖維
份量　2 人份

秋葵也有紫色的，在產季的時候，在市場很容易買到。秋葵加肉類一起拌炒時，要蓋上鍋蓋燜煮才會比較熟，或是可以先汆燙後再下去烹調。

✦ **材料**

「桂丁土雞」雞腿肉 200 公克
黃秋葵 100 公克
蒜片 10 公克
番茄 100 公克
薑片 10 公克
蔥段 20 公克

✦ **調味料**

醬油 1 大匙
水 100 公克

✦ **醃料**

醬油 1 大匙
全蛋液 1 大匙
玉米粉 1 大匙

✦ **作法**

1　雞腿肉切條狀，加入醃料醃約 10 分鐘至入味，番茄切條，黃秋葵去蒂頭，備用。

2　鍋中加入 2 大匙油，放入雞腿肉煎至上色取出備用。

3　原鍋爆香蒜片、番茄、薑片、蔥段，加入雞腿肉、黃秋葵、調味料，燒至入味即可盛盤。

美味減醣 TIPS

❶ 除了雞翅外，也可以使用魚肉來料理，例如：鯛魚片。

❷ 這道料理用檸檬皮及檸檬汁來增加風味，酸酸的口味也比較開胃。

26

南洋酸辣雞翅

含醣量
21.6g

蛋白質
70.86g

脂肪
83.12g

料理特色　無奶蛋
份量　2 人份

雞翅的口感很酥脆,這一道是南洋風味的料理,所以雞翅先用魚露醃過,再乾煎出油。食用時搭配大量的生洋蔥絲,可以解膩。洋蔥切成細絲後,要先泡水去除辛辣味。

✦ 材料

「桂丁土雞」雞翅 4 支
洋蔥 100 公克
香菜末 20 公克
辣椒末 10 公克
檸檬汁 20 公克
「雲林良品」檸檬皮 5 公克
小番茄 50 公克

✦ 調味料

魚露 1 大匙
「雲林良品」檸檬汁 2 大匙
水 100 公克

✦ 醃料

魚露 1 大匙

✦ 作法

1 雞翅劃刀加入醃料,醃約 10 分鐘至入味,洋蔥切絲,小番茄對切備用。

2 鍋中加入 1 大匙油,加入洋蔥、番茄拌炒均勻,放入盤中備用。

3 鍋中加入 1 大匙油,雞翅煎至兩面金黃,加入辣椒末、香菜末、檸檬汁、調味料攪拌均勻,排入盤中灑上檸檬皮即完成。

美味減醣 TIPS

❶ 這道湯品也可以加入豬肉或牛肉，一樣很美味。

❷ 高湯可以用蔬菜高湯代替，蔬菜的甘甜味可以帶出
　這道湯品的淡雅滋味。

27

椰漿檸檬雞

含醣量
65.83g

蛋白質
76.31g

脂肪
6.21g

料理特色 無奶蛋

份量 2 人份

這是一道非常好喝的泰式湯品,因為加入了椰漿及檸檬汁,濃郁中又帶有清爽的風味,加入蛤蜊讓湯頭更鮮美。

✦ 材料

「鋒土」雞胸肉 200 公克
洋蔥 150 公克
檸檬葉 10 公克
南薑 10 公克
香茅 10 公克
檸檬汁 30 公克
高湯 600 公克
椰汁 150 公克
「雲林良品」蛤蜊 100 公克

✦ 作法

1 雞胸肉切片、洋蔥切片,備用。
2 鍋中加入 1 大匙油,爆香洋蔥、檸檬葉、南薑、香茅,加入高湯、調味料、雞胸肉、蛤蜊煮至沸騰,再加入檸檬汁及椰汁即可盛盤。

✦ 調味料

鹽 1/4 小匙
蘋果淳 2 大匙

【黑豆桑】手工蘋果淳

原料非常單純,只採用新鮮蘋果不加糖釀造 400 天,不加基底醋,喝起來不嗆、不傷喉嚨,可以直接對水喝,加氣泡水或啤酒更讚!可以做油醋醬或涼拌菜,還可以當作味醂使用。

美味減醣 TIPS

❶ 這道料理的雞胸肉，也可以使用豬絞肉來代替。

❷ 這也是一道便當菜，蒸煮過後不會變色，也依然美味。

28

日式豆腐雞肉棒

含醣量
17.04g

蛋白質
79.58g

脂肪
38.17g

| 料理特色 | 無奶蛋 |
| 份量 | 2 人份 |

這道料理使用雞胸肉及豆腐，可以增加飽足感，吃起來口感軟嫩，肉質充滿水份不乾柴。

✦ 材料

「法洛斯」土雞胸肉 300 公克
豆腐 100 公克
蒜末 10 公克
洋蔥末 50 公克
七味粉 2 公克
白芝麻 2 公克

✦ 調味料

醬油 2 大匙
酒 1 大匙
胡椒粉 1/4 小匙
水 100 公克

✦ 醃料

鹽 1/4 小匙
胡椒粉 1/4 小匙
全蛋液 1 大匙

✦ 作法

1 雞胸肉絞成泥，備用。

2 取一容器放入雞胸肉、豆腐、蒜末、洋蔥末、醃料，攪拌均勻擠成長條形，備用。

3 鍋中加入 2 大匙油，放入雞肉泥煎至上色，加入調味料燒煮入味盛盤，灑上七味粉、白芝麻即完成。

美味減醣 TIPS

❶ 可以用杏鮑菇來取代雞胸肉，做成素食的料理。

❷ 雞胸肉低熱量、低脂肪、高蛋白質，對減醣的人來說，是優質蛋白質最好的來源，有助於維持身體肌肉量。

29

泰式蒟蒻雞絲

含醣量
35.61g

蛋白質
52.41g

脂肪
3.08g

料理特色 無奶蛋，高蛋白
份量 2 人份

這是一道很開胃的前菜，酸香生津，很適合在夏天食用。蒟蒻絲熱量低，適合減醣的朋友來學習這道料理。

✦ 材料

蒟蒻絲 300 公克
「美饌雞」雞胸肉 200 公克
香菜 10 公克
蒜末 10 公克
小黃瓜 100 公克
蒜花生 100 公克
辣椒末 30 公克

✦ 調味料

白醋 2 大匙
魚露 2 大匙
檸檬汁 1 大匙

✦ 作法

1　小黃瓜切絲，香菜切段，備用。

2　鍋中加入水煮沸，放入雞胸肉汆燙至熟撈起，放入蒟蒻絲汆燙撈起，備用。

3　將雞胸肉撕成絲狀，備用。

4　取一容器放入蒟蒻絲、雞胸肉、香菜、蒜末、小黃瓜、辣椒末、調味料，攪拌均勻，最後灑上蒜花生即完成。

30

蘆筍鑲中卷

含醣量
13.57g

蛋白質
37.44g

脂肪
16.12g

| 料理特色 | 無奶蛋，高纖維 |
| 份量 | 3 人份 |

這是一道手工冷盤菜，也是一道宴客菜。可以先做好冷藏，要吃的時候再取出切成一口大小，很方便也很美味。汆燙中卷時要用浸泡的，口感才會嫩。

✦ **材料**

中卷 200 公克
蘆筍 100 公克
紅蘿蔔絲 50 公克
香菜段 10 公克
薑絲 10 公克
九層塔 5 公克

✦ **調味料**

醬油 2 大匙
香油 1 大匙
水 50 公克

30

蘆筍鑲中卷

✦ 作法

1　中卷洗好去內臟，備用。

2　鍋中加入水煮沸，放入中卷汆燙至熟撈起，備用。

3　鍋中加入 1 大匙油，將薑絲爆香，加入蘆筍、紅蘿蔔絲、調味料、香菜段、九層塔煮沸，即可取出，備用。

4　將作法 3 的食材塞入中卷，切一口大小即可盛盤。

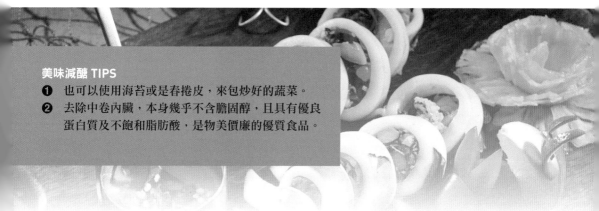

美味減醣 TIPS

❶ 也可以使用海苔或是春捲皮，來包炒好的蔬菜。

❷ 去除中卷內臟，本身幾乎不含膽固醇，且具有優良蛋白質及不飽和脂肪酸，是物美價廉的優質食品。

美味減醣 TIPS

❶ 也可以使用牛肉來取代雞腿肉。

❷ 雞腿肉是很好的蛋白質來源，減醣必吃的營養肉品。

31

紅棗絲瓜雞

含醣量
53.87g

蛋白質
83.72g

脂肪
30.36g

料理特色　無奶蛋
份量　3 人份

絲瓜是很容易取得的食材，養分不亞於深色及淺色菜葉。並富含水溶性及非水溶性纖維，有助腸道蠕動。加入雞腿肉來烹調，滋味清爽鮮甜，一起來做看看吧。

✦ 材料

「桂丁土雞」土雞腿肉 300 公克
絲瓜 150 公克
紅棗 10 公克
薑片 10 公克
高湯 600 公克

✦ 調味料

醬油 1 大匙
酒 1 大匙

✦ 作法

1　雞腿肉切塊、絲瓜切長條、紅棗泡發，備用。
2　鍋中加入水煮沸，放入土雞腿汆燙去血水撈起，備用。
3　鍋中放入雞腿肉、紅棗、薑片、高湯煮至熟，再加入絲瓜及調味料，攪拌均勻後即可盛盤。

美味減醣 TIPS

❶ 可以用牛肉或是魚肉來取代雞胸肉。

❷ 帶有微酸的舒肥雞，吃起來比較不會有腥味。

32

泰式舒肥檸檬雞

含醣量
8.08g

蛋白質
56.84g

脂肪
2.4g

料理特色　無奶蛋

份量　2 人份

減醣的時候可以吃舒肥雞胸肉，自己做的最安心。用舒肥法低溫烹調，鎖住雞肉營養與口感。

✦ 材料

「法洛斯」土雞腿肉 250 公克
香茅 1 公克
檸檬葉 1 公克

✦ 調味料

新鮮檸檬汁 100 公克
鹽 1/4 小匙
胡椒粉 1/4 小匙

✦ 作法

1　將雞胸肉洗淨，備用。

2　將調味料放入容器內攪拌均勻，備用。

3　取一真空袋放入雞胸肉、調味料、香茅、檸檬葉，封口放入 59 度水中煮 30 分鐘，取出切片即可食用。

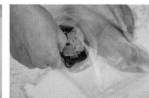

美味減醣 TIPS

❶ 可以用牛肉或是魚肉來取代雞胸肉。

❷ 雞胸肉也是減醣料理中，富有高蛋白質的食材，
「桂丁土雞」雞胸肉，更是健康、環保的綠色食材。

33

原味海鹽舒肥雞

含醣量
1.78g

蛋白質
56.49g

脂肪
32.29g

| 料理特色 | 無奶蛋 |
| 份量 | 2 人份 |

原味的雞胸肉，咀嚼起來的甜度及口感超級美味，再用苦茶油調味，讓雞胸肉更有油潤感、更好吃。

✦ 材料

「桂丁土雞」雞胸肉 250 公克
九層塔 15 公克

✦ 調味料

鹽 1 小匙
胡椒粉 1/4 小匙
苦茶油 2 大匙

✦ 作法

1 將雞胸肉洗淨，備用。
2 將調味料放入容器內攪拌均勻，備用。
3 取一真空袋放入雞胸肉、調味料、九層塔，封口放入 59 度水中煮 30 分鐘，取出切片即可食用。

美味減醣 TIPS

❶ 酸豇豆通常可以和絞肉一起料理，加一點辣椒風味會更好。

❷ 海參是很營養的食材，低脂、低糖，被譽為海味八珍之一。海參的烹調時間要注意，若煮太久會縮小。

34

酸豇豆炒海參

含醣量
14.32g

蛋白質
17.89g

脂肪
15.56g

[料理特色] 無奶蛋
[份量] 2 人份

醃製類的酸豇豆,鹹香帶有酸味,
且有爽脆口感,很適合作為便當菜。
這道料理搭配海參,是一道簡單美
味的家常料理,新手也能輕鬆上手
哦!

✦ 材料

酸豇豆 100 公克
海參 200 公克
「雲林良品」大蒜 10 公克
辣椒 20 公克

✦ 調味料

醬油 1 大匙
胡椒粉少許

✦ 作法

1 酸豇豆切段,蒜切末,備用。
2 海參切大丁,備用。
3 鍋中加入 1 大匙油爆香蒜末,放入酸豇豆、海
　參、調味料,拌炒均勻即可盛盤。

35

檸檬蝦

含醣量
21.28g

蛋白質
47.94g

脂肪
16.7g

| 料理特色 | 無奶蛋,高蛋白 |
| 份量 | 2 人份 |

蝦子加上檸檬是很對味的搭配,但要注意檸檬汁加入的時間點,若是太早就加入,酸香味會流失。

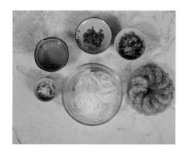

✦ 材料

「雲林良品」共生沙蝦 200 公克
洋蔥 100 公克
香菜 20 公克
辣椒 10 公克
蒜末 10 公克

✦ 調味料

檸檬汁 3 大匙
魚露 1 大匙

35

檸檬蝦

美味減醣 TIPS
❶ 也可以用雞胸肉來取代鮮蝦。
❷ 一隻蝦子約只有 12 大卡的熱量，並含有豐富營養素，高蛋白、低 GI 特性，超適合減醣族食用。

✦ 作法

1　鮮蝦去殼開背去腸泥，備用。

2　洋蔥切絲，泡水備用。

3　香菜、辣椒切末，備用。

4　鍋中加入 1 大匙油，加入鮮蝦煎至上色，備用。

5　盤中依序放入洋蔥絲、辣椒、香菜、蒜末、鮮蝦及調味料，充分拌勻即完成。

美味減醣 TIPS

❶ 蘆筍也可以和雞肉或豬肉一起拌炒，也能用雞肉及豬肉來取代海參。

❷ 海參是很好的優質蛋白質來源，海參膽固醇低，脂肪含量相對少，是典型的高蛋白、低脂肪、低膽固醇食物。

36

蘆筍炒海參

含醣量
13.62g

蛋白質
17.62g

脂肪
30.67g

料理特色　無奶蛋，高纖維
份量　2 人份

蘆筍料理前要先去除外皮，去除外皮後要馬上下去烹調，不然蘆筍會氧化。把蘆筍的根部切掉一些，因為蘆筍的根部通常都比較老，而且容易被髒東西污染。

✦ 材料

海參 200 公克
蘆筍 100 公克
辣椒 20 公克
「雲林良品」大蒜 20 公克
蔥段 10 公克

✦ 作法

1　海參切粗條，備用。
2　辣椒、大蒜切片、香菜切末，備用。
3　蘆筍去外皮並切段，備用。
4　鍋中放入 1 大匙油，爆香辣椒片、蒜片、蔥段，放入海參、蘆筍、調味料，拌炒均勻即可盛盤。

✦ 調味料

鹽 1/4 小匙
胡椒粉 1/4 小匙
香油 1 大匙

美味減醣 TIPS

❶ 也可以用蒟蒻做的花枝來取代蝦仁。

❷ 蝦仁是蛋白質含量很高的食品之一,是魚、蛋、奶的好幾倍。

37

花雕玉籤蝦球

| 料理特色 | 無奶蛋，高纖維 |
| 份量 | 2 人份 |

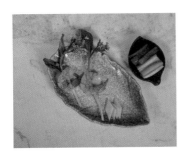

這是一道宴客菜，在油菜花盛產的時候，就可以做這道料理。這是一道視覺及味覺滿分的料理，宴客時端上桌會非常吸睛哦！

含醣量
14.42g

蛋白質
10.99g

脂肪
19.83g

✦ 材料

油菜花 100 公克
蝦球 100 公克
紅甜椒 20 公克
薑片 20 公克
黃甜椒 20 公克

✦ 調味料

鹽 1/4 小匙
香油 1 大匙
花雕酒 1 大匙

✦ 作法

1　油菜花去除粗纖維，備用。
2　蝦球洗淨，將油菜花穿入蝦球中，紅甜椒切條、黃甜椒切條，備用。
3　滾水汆燙蝦球及油菜花至熟，取出備用。
4　鍋中放入 1 大匙油，爆香薑片放入紅甜椒、黃甜椒、蝦球及調味料，拌炒均勻即可盛盤。

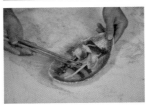

美味減醣 TIPS

❶ 也可以用雞肉來取代海參。

❷ 海菜營養價值極高，而且熱量低，又富含有膠原蛋
白。加了海菜的蒸蛋，使蒸蛋更加美味。

38

海菜海參蒸蛋

含醣量
44.65g

蛋白質
49.29g

脂肪
31.74g

料理特色　高蛋白

份量　2 人份

蒸蛋要如何蒸得滑嫩、順口呢？只要照著作法上的方式來操作，就可以輕鬆做出和餐廳一樣有賣相的蒸蛋，既美味又營養哦！

✦ 材料

海參 100 公克
海菜 100 公克
「雲林良品」雞蛋 3 粒
柴魚高湯 500 公克
蒜末 10 公克
初朵菇 20 公克

✦ 作法

1　海參切丁，初朵菇切丁，備用。
2　取一容器打入蛋，加入柴魚高湯、調味料 A，攪拌均勻後過篩倒入盤子中，放入電鍋，外鍋半杯水，蒸 7 分鐘，蒸至熟成取出，備用。
3　鍋中加入 1 大匙油，爆香蒜末，加入海參、海菜、調味料 B 煮至沸騰，再淋在蒸蛋上即完成。

✦ 調味料 A

鹽少許

✦ 調味料 B

醬油 1 大匙
胡椒粉 1/4 小匙
水 300 公克

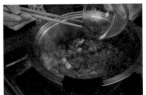

CHAPTER 3
減醣鍋物・主食

許多人在實行減醣飲食時，不知道該如何減少
澱粉類的攝取。
其實減醣時期，可以利用全穀雜糧類來代替精緻
澱粉，並攝取大量蔬菜及優質的蛋白質，
再搭配上好油，也能吃的開心又健康哦！

美味減醣 TIPS

❶ 可以用排骨來取代雞腿。

❷ 土雞腿在煮湯時要切大塊狀,高湯也可以使用蔬菜
高湯來烹調。

01

小魚苦瓜雞湯

| 料理特色 | 高蛋白、無蛋奶 |
| 份量 | 2 人份 |

含醣量
43.59g

蛋白質
51.48g

脂肪
13.3g

苦瓜加上雞腿熬煮，並加入小魚乾，使湯頭更加鮮甜。

✦ 材料

苦瓜 100 公克
「法洛斯」土雞腿 100 公克
小魚乾 10 公克

✦ 調味料

高湯 600 公克

✦ 作法

1　苦瓜切片，備用。
2　鍋中放入水汆燙苦瓜、土雞腿，撈起備用。
3　鍋中放入苦瓜、土雞腿、小魚乾及高湯，煮至熟成即可盛盤。

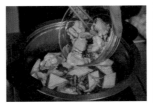 

美味減醣 TIPS

❶ 可以用各式魚類來取代虱目魚。

❷ 減醣族群所攝取的澱粉,可以選用原型的根莖類及
五穀類代替,如:芋頭、糙米米粉。

02

虱目魚米粉湯

含醣量
166.27g

蛋白質
73.88g

脂肪
99.45g

料理特色 高纖維，無蛋奶
份量 3 人份

米粉可以使用糙米米粉，在料理的時候，要先洗過再放下去煮。米粉不能煮得太久，口感才會比較有彈性。

✦ 材料

芋頭 100 公克
糙米米粉 100 公克
虱目魚肚 200 公克
芹菜 10 公克
油蔥酥 10 公克

✦ 調味料

高湯 800 公克
鹽 1 小匙
胡椒粉 1/4 小匙

✦ 作法

1 將芋頭切條、芹菜切末、米粉泡水、虱目魚肚切片，備用。

2 鍋中加入 2 大匙油，放入芋頭煎至金黃色取出，虱目魚過熱水汆燙取出，備用。

3 鍋中放入高湯、芋頭、虱目魚、調味料及米粉煮至熟，灑上油蔥酥、芹菜末即可盛盤。

美味減醣 TIPS

❶ 可以使用排骨來取代雞腿肉。

❷ 這道山珍海味的湯品很好喝，但要注意不要因為好喝而吃過量。黃金蜆含有多種有營養素，是非常平價且有利於人體吸收利用的營養來源。

03

蒜頭金蜆燉雞湯

料理特色　高纖維，高蛋白
份量　2 人份

含醣量
127.39 g

蛋白質
117.74 g

脂肪
34.18 g

這是一道記憶中能撫慰人心的料理，請為家人煮一鍋擁有滿滿營養的雞湯。只要照著步驟做，就可以做出美味又不輸大廚的蒜頭雞湯

✦ 材料

「桂丁土雞」土雞腿肉 300 公克
「雲林良品」大蒜 200 公克
乾香菇 50 公克
黃金蜆 50 公克
九層塔 10 公克
紅棗 20 公克

✦ 調味料

高湯 1000 公克
鹽 1 小匙
米酒 1 大匙

✦ 作法

1　土雞腿肉切大丁，備用。

2　土雞腿肉先用水汆燙，備用。

3　鍋中放入高湯煮沸，加入雞腿肉、乾香菇，再放入黃金蜆、紅棗、鹽和米酒，慢煮至食材熟成，最後加入九層塔即完成。

美味減醣 TIPS

❶ 可以用冬瓜取代佛手瓜。

❷ 蟲草是很珍貴的藥材,具有極高藥用價值,含有豐富營養,包括蛋白質、胺基酸、多醣類、維生素 E 等等。

04

蟲草佛手瓜湯

含醣量
52.31g

蛋白質
46.97g

脂肪
27.62g

料理特色　高纖維，無蛋奶

份量　2 人份

佛手瓜是高纖維食材，夏天是主要的產季。煮佛手瓜時不要去皮，因為外皮富含營養，請挑選嫩一些的幼果，口感會較好。

✦ 材料

「雲林良品」排骨 100 公克
佛手瓜 100 公克
蟲草 30 公克
初朵菇 100 公克

✦ 調味料

高湯 600 公克
鹽 1 小匙

✦ 作法

1　佛手瓜、初朵菇切片，備用。

2　鍋中加入水煮沸汆燙排骨，撈起備用。

3　鍋中放入排骨、佛手瓜、蟲草、初朵菇、調味料，煮至熟成即可盛盤。

美味減醣 TIPS

❶ 可以用各式的魚類來取代鯛魚。

❷ 減醣可以多喝魚湯，低熱量又能補充到豐富營養。

05

柴魚鯛魚湯

含醣量
15.54g

蛋白質
54.54g

脂肪
10.55g

料理特色　高纖維，無蛋奶

份量　2 人份

用柴魚片來熬煮高湯，可以讓湯頭更鮮美。鯛魚在燉煮時易破碎，可以切大塊一些來料理，用浸泡法（就是不要用大火烹煮），則可以幫助定型。

✦ 材料

豆腐 200 公克
「雲林良品」文蛤 50 公克
鯛魚片 50 公克
蔥 10 公克
「雲林良品」小白菜 50 公克

✦ 調味料

柴魚高湯 600 公克
鹽 1/4 小匙
酒 2 大匙

✦ 作法

1　豆腐切塊，蔥切末，備用。

2　鍋中放入水煮沸，放入鯛魚片、豆腐汆燙撈起，備用。

3　鍋中放入調味料、豆腐、蛤蜊、鯛魚片、小白菜，煮至熟成即可。

4　最後灑上蔥花即完成。

美味減醣 TIPS
❶ 可以用各式的蔬菜來做這一道湯品。
❷ 蔬菜能消除有害物質，幫助身體達到排毒，讓腸道
更健康。而蔬菜湯中大量的植化素，可增強免疫力，
非常適合減醣族群食用。

06

五行蔬菜湯

| 料理特色 | 高纖維 |
| 份量 | 2 人份 |

含醣量
147.8g

蛋白質
38.54g

脂肪
9.08g

用五行五色蔬菜去熬煮的養身湯品，富含高纖、低脂，可使排便順暢、養顏美容。全蔬菜熬煮的蔬菜湯，色澤很美，吃起來健康又美味。

✦ 材料

山藥 200 公克
玉米 200 公克
牛番茄 200 公克
西洋芹 100 公克
牛蒡 100 公克
香菇 100 公克
白蘿蔔 100 公克
紅蘿蔔 100 公克
水 1500 公克

✦ 調味料

高湯 400 公克
鹽 1 小匙

✦ 作法

1 山藥去皮切成塊、玉米剁成塊、牛番茄切成塊、西洋芹切段、牛蒡切成塊、香菇去蒂頭切塊、白蘿蔔切塊、紅蘿蔔切塊，備用。

2 鍋中放入水、高湯約半分滿，放入所有食材煮至滾後，加鹽調味即完成。

美味減醣 TIPS

❶ 可以用全麥麵線來取代大豆麵線。

❷ 大豆麵線可以很安心的食用，大豆也是絕佳蛋白質來源，富有飽足感也很美味。

07

海參鮮蔬千絲麵

| 料理特色 | 高蛋白，高纖維 |

| 份量 | 2 人份 |

含醣量
80.56g

蛋白質
110.84g

脂肪
33.12g

這道是用大豆麵線來料理的蔬菜麵，只要將較硬的食材先切絲，先下鍋爆香炒出香味即可。

✦ 材料

大豆麵線 200 公克
「雲林良品」大白菜 150 公克
乾香菇 20 公克
紅蘿蔔絲 30 公克
蔥段 20 公克
海參 300 公克

✦ 作法

1 乾香菇泡發切絲、大白菜切絲、海參切條狀，備用。

2 鍋中加入水煮沸，放入麵線煮熟撈起，備用。

3 鍋中加入 1 大匙油，爆香蔥段、乾香菇、紅蘿蔔絲、大白菜絲、海參，加入調味料及大豆麵線，拌炒均勻即可盛盤。

✦ 調味料

醬油 2 大匙
白胡椒粉 1/4 小匙
烏醋 1 大匙
水 100 公克

美味減醣 TIPS

❶ 也可以用豬肉片來取代雞腿肉。

❷ 糙米是低 GI 飲食中常見的食物，可以幫助維持血糖的穩定，延緩餐後血糖上升，而糙米及雞肉也是減醣料理中很重要的食材。

08

苦茶油親子丼

含醣量
484.7g

蛋白質
117.42g

脂肪
75.90g

料理特色 　高蛋白
份量 　　　2 人份

用糙米煮的親子丼飯,風味不打折,既健康又能滿足口慾,大家可以試試看。

✦ **材料**

「法洛斯」土雞腿肉 200 公克
枸杞 10 公克
糙米 600 公克
當歸 5 公克
苦茶油 2 大匙
薑片 50 公克
「雲林良品」雞蛋 1 個

✦ **調味料**

醬油 1 大匙
高湯 300 公克

✦ 作法

1　法洛斯土雞腿肉切塊，
　　備用。

2　蛋放入鍋中煎熟，備用。

3　鍋中加入苦茶油，爆香
　　薑片、雞腿肉，加入糙
　　米、當歸、枸杞、調味
　　料，煮至熟，將作法 2
　　的蛋放在飯上即完成。

【Kuhn Rikon】金典壓力鍋

獨特的專利雙壁設計　老饕也瘋狂的極致美味
鍋身與鍋蓋的獨特雙層設計，讓熱源有效保留不流失，高
速導熱瞬間高溫烹煮食材，依然保有食材的營養、鮮度與
水份，極致的美味讓人一吃難忘。

美味減醣 TIPS

❶ 可以用肉類來取代海參。

❷ 糙米吃起來較為堅硬，會促使咀嚼次數增加，容易
感到滿足感，因此對減肥也很有幫助。而且糙米比
白米還難消化，因此口腔要分泌更多的唾液來分解，
消化也會比較順暢。

09

金銀海參粥

含醣量
195.7g

蛋白質
77.62g

脂肪
32.96g

料理特色	高纖維
份量	2 人份

減醣的朋友若胃口不好，想要吃一點粥時，可以照著這道食譜來料理，既能補充營養也很美味哦。

✦ 材料

海參 300 公克
糙米 200 公克
薑 10 公克
芹菜 20 公克
紅蔥酥 20 公克
鮭魚肉 50 公克
鹹蛋 1 個
皮蛋 1 個

✦ 調味料

高湯 400 公克
胡椒粉 1 小匙

🍴 北海道即食刺參 秋季補身溫潤好食

揮別了溽暑，接著即將迎來較為乾燥的秋季，空氣中的相對濕度逐漸下降，因此在日本，秋天主「燥」，此時日本人著重平時的溫補，而從日常飲食著手，海參正是上等的秋季旬味。

海參王嚴選來自北海道的最新產品，獨家代理「YAMASUI株式會社山村水產」加工品牌名物，主打非乾海參，買回去無須再泡發，拆封即可使用。搭配火鍋配菜、晚餐加菜、創意料理都方便，烏參一份200公克份量十足，更是送禮最佳首選。

日本秘食・小酌　山村水產 X 海參王

✦ 作法

1　芹菜、薑切末，備用。

2　海參、鮭魚肉、鹹蛋及皮蛋都切成丁狀，備用。

3　鍋中放入水煮沸，放入海參、鮭魚肉汆燙，撈起備用。

4　鍋中放入糙米、薑、紅蔥酥、調味料、海參、鮭魚肉、鹹蛋、皮蛋，煮至熟成即可盛盤，最後灑上芹菜末即完成。

美味減醣 TIPS
❶ 可以用大豆麵來取代天使麵。
❷ 義大利麵是用全小麥麵粉做的，也是減醣料理很好
的食材。

10

三杯雞肉天使麵

| 料理特色 | 高蛋白，無蛋奶 |
| 份量 | 2 人份 |

這道菜是用中式三杯雞的料理方式來烹調天使麵，麵的汆燙時間要掌握得宜，並且薑、蒜要先爆香，這道料理才會色香味俱全。

含醣量
236.3g

蛋白質
74.5g

脂肪
50.56g

✦ 材料

「桂丁土雞」雞肉 150 公克
天使麵 300 公克
薑片 10 公克
「雲林良品」青蔥 20 公克
「雲林良品」大蒜 10 公克
九層塔 5 公克
黑麻油 30 公克

✦ 調味料

醬油 2 大匙
辣椒醬 1 小匙
辣油 1 大匙

✦ 作法

1 鍋中加入水煮沸，放入天使麵，煮至熟成撈起備用。

2 雞肉切片、蔥切段、蒜去蒂頭，備用。

3 鍋中放入雞肉煎至兩面金黃，取出備用。

4 鍋中放入黑麻油，爆香蒜、蔥、薑，放入雞肉、調味料拌炒均勻。

5 天使麵放入作法 4 原鍋中，與炒料拌炒均勻，最後放上九層塔即完成。

【KUHN RIKON】瑞士 HOTPAN 休閒鍋

HOTPAN 新煮義！讓新手也能輕鬆變高手，只需要對食材進行短暫加熱，就會自動完成烹煮。有效節省能源消耗，鎖住食材天然美味。

美味減醣 TIPS

❶ 可以用大豆麵來取代蒟蒻麵。

❷ 蒟蒻能幫助延緩飯後血糖的上升、促進腸道好菌生
長，且含有非水溶性食物纖維，能改善便秘，並含
有豐富的鈣質，是非常營養又健康的食材。

11

海參胡麻豆漿麵

含醣量
65.61g

蛋白質
42.67g

脂肪
28.68g

料理特色 高纖維，無蛋奶
份量 2 人份

這道是用蒟蒻麵做的湯麵，湯頭用豆漿烹調，因此很濃郁。加上麵條的 Q 彈口感，是一道好吃又營養的主食。

✦ 材料

蒟蒻麵 200 公克
紅蘿蔔 50 公克
小黃瓜 50 公克
山藥 50 公克
海參 300 公克

✦ 調味料

豆漿 400 公克
胡麻醬 3 大匙

✦ 作法

1 紅蘿蔔、小黃瓜、山藥切絲、海參切條狀，備用。

2 鍋中放入調味料煮熟，備用。

3 在作法 2 湯底中放入蒟蒻麵、紅蘿蔔、小黃瓜、山藥、海參煮熟即完成。

美味減醣 TIPS

❶ 可以用大豆麵來取代冬粉。

❷ 炒冬粉前,記得要先用冷水將冬粉泡發,之後才能
烹調。

12

海參炒冬粉

| 料理特色 | 高纖維 |
| 份量 | 2 人份 |

含醣量
56.03g

蛋白質
37.11g

脂肪
10.52g

冬粉要選用全綠豆粉做的，加入海參及大白菜來料理，是一道富含蛋白質及纖維的主食。

✦ 作法

1　冬粉泡水、木耳切絲、大白菜切絲、海參切條狀，備用。

2　起油鍋，放入蛋液，炒至香氣出來，取出備用。

3　原鍋加入 1 大匙油，爆香蒜末、海參、木耳絲、紅蘿蔔絲，加入調味料、冬粉、大白菜、炒蛋拌炒均勻，最後加入蔥花拌勻即可盛盤。

✦ 材料

冬粉 3 把
木耳 20 公克
「雲林良品」雞蛋 2 個
大白菜 100 公克
紅蘿蔔絲 100 公克
海參 300 公克
蔥花 20 公克
蒜末 10 公克

✦ 調味料

醬油 1 小匙
胡椒粉 1/4 小匙
水 300 公克

美味減醣 TIPS

❶ 可以用鯛魚來取代鮭魚。

❷ 糙米質地偏硬，可以事前先浸泡約 40 分鐘，再進行烹調。

13

鮭魚鮮蔬菜飯

| 料理特色 | 高纖維 |
| 份量 | 2 人份 |

含醣量
175.26g

蛋白質
68.36g

脂肪
36.42g

鮭魚和糙米結合在一起的菜餚，一直是美味的代表。鮭魚可以先煎過，味道會更好。

✦ 材料

鮭魚 100 公克
紅蘿蔔 50 公克
玉米筍 50 公克
甜豆 50 公克
糙米 200 公克
黑芝麻 3 公克

✦ 調味料

高湯 200 公克
胡椒粉 1/4 小匙

✦ 作法

1　鮭魚切片，紅蘿蔔、玉米筍、甜豆切丁，備用。
2　米洗淨，備用。
3　鍋中先放入鮭魚煎過，再加入紅蘿蔔、玉米筍、甜豆、糙米、調味料，煮至熟成撈起備用。
4　最後撒上黑芝麻即完成。

美味減醣 TIPS
❶ 可以用全麥麵線取代蒟蒻麵。
❷ 蒟蒻麵比較沒有味道,因此這道料理使用花椒來調味,增加香氣。

14

花椒乾拌蒟蒻麵

| 料理特色 | 高纖維 |
| 份量 | 2 人份 |

含醣量
27.16g

蛋白質
5.2g

脂肪
35.87g

蒟蒻麵拆開包裝後要先氽燙，去除異味。但要避免煮太久，會使蒟蒻纖維化而變硬。

✦ 材料

蒟蒻麵 200 公克
「雲林良品」蒜頭 10 公克
辣椒 10 公克
「雲林良品」青蔥 10 公克
紅蔥酥 20 公克

✦ 調味料

花椒油 1 大匙
苦茶油 1 大匙
醬油 2 大匙

✦ 作法

1 蒜頭、辣椒、蔥切末，備用。

2 鍋中加入水煮沸，放入蒟蒻麵氽燙撈起放入容器內，備用。

3 在鍋中放入蒜頭、辣椒、紅蔥酥及調味料，拌炒均勻，淋於蒟蒻麵上。

4 最後撒上蔥花即完成。

CHAPTER 4
減醣小吃・點心

減醣時若想吃小吃或點心怎麼辦呢？
可以運用天然富有甜味的食材，像是紅豆、
水果等等。就算是減醣時期，也能透過自己料理，
品嚐到令人垂涎的美食哦！

美味減醣 TIPS

❶ 可以用地瓜代替芋頭。

❷ 因為要減少精緻澱粉的攝取，所以吐司請選用全麥吐司。

01

芋泥夾心吐司

含醣量
91.22g

蛋白質
14.51g

脂肪
9.98g

(料理特色) 高蛋白，高纖維

(份量) 2 人份

芋頭加入鮮奶可以調整芋泥的軟硬度，也能增加風味。

✦ 材料

全麥吐司 2 片
芋頭 200 公克
鮮奶 50 公克

✦ 作法

1 將吐司烤至上色，備用。

2 芋頭去皮蒸至軟，加入鮮奶拌勻成芋泥，備用。

3 在吐司上放上芋泥，再蓋上另一片吐司即完成。

美味減醣 TIPS

❶ 可以用芋泥、地瓜泥取代紅豆泥。

❷ 想要吃一些甜點時，可用試著做這道減糖甜點。

02

如意嫩鍋餅

| 料理特色 | 高蛋白，高纖維 |
| 份量 | 2 人份 |

紅豆泥怎麼做呢？先將紅豆煮熟，再加入油炒成泥，可以不加糖，吃到原味健康的紅豆泥。

含醣量
191.35g

蛋白質
69.82g

脂肪
18.40g

✦ 材料

全麥麵粉 200 克
無糖紅豆泥 150 克
「雲林良品」雞蛋 2 個
水 350 克

✦ 作法

1　全麥麵粉加入蛋及水，調成麵糊備用。

2　鍋中加入油，倒入麵糊煎成餅皮，放上無糖紅豆泥並包捲起來，煎至兩面金黃，切成一口大小即可。

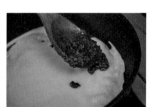

美味減醣 TIPS
❶ 可以用竹筍或是蒟蒻麵來取代冬粉。
❷ 冬粉記要選用全綠豆製成的。使用少許鹽及胡椒粉
　調味即可，減少使用醬料才能有效減醣哦！

03

淡水阿給

料理特色　高蛋白，高纖維
份量　2 人份

含醣量
114.38g

蛋白質
46.07g

脂肪
24.35g

其實淡水的阿給小吃，也很適合給減醣的朋友食用，減醣的版本一樣美味哦！

✦ 材料

冬粉 100 公克
魚漿 100 公克
四角豆腐 200 公克
芹菜 50 公克
香菜 10 公克

✦ 調味料

高湯 200 公克
胡椒粉 1/4 小匙
鹽 1/4 小匙

✦ 作法

1　芹菜切末、冬粉泡發切段，備用。
2　四角豆腐切開，塞入冬粉，用魚漿封口，備用。
3　鍋中放入調味料，再放入豆腐，煮至熟成。
4　撒上香菜、芹菜末即完成。

美味減醣 TIPS

❶ 可以用芋頭來取代地瓜。

❷ 以少量優質澱粉取代傳統米麵主食，如地瓜、南瓜，
就能達到減醣和健康效果哦！

04

檸檬桂花地瓜

含醣量
57.05g

蛋白質
2.76g

脂肪
16.41g

料理特色　高纖維，無蛋奶

份量　2 人份

地瓜是健康的澱粉來源，再加上桂花及檸檬汁來烹調，是一道很好吃的甜點，既天然又養生。

✦ 材料

桂花 5 公克
地瓜 200 公克
「雲林良品」檸檬（皮）2公克

✦ 作法

1　地瓜切塊，備用。

2　鍋中放入調味料，放入地瓜塊煮熟。

3　灑上檸檬皮及桂花即完成。

✦ 調味料

「雲林良品」檸檬（汁）1大匙

美味減醣 TIPS

❶ 也可以用酪梨來取代香蕉。

❷ 香蕉糖質雖高，但升糖指數不高。一根中型香蕉，
熱量約 105 大卡。只要控制份量，也能吃得很健康
哦！

05

香蕉煎餅

| 料理特色 | 高蛋白 |
| 份量 | 2 人份 |

含醣量
119.4g

蛋白質
24.8g

脂肪
8.72g

用全麥麵粉來做香蕉煎餅，並利用新鮮果汁來取代水和糖，就是一道減醣版的甜點。

✦ 材料

全麥麵粉 100 公克
小蘇打 5 公克
「雲林良品」雞蛋 50 公克
鮮奶 130 公克
「雲林良品」香蕉 100 公克

✦ 調味料

新鮮柳橙汁 150 公克

✦ 作法

1　香蕉切片，備用。

2　取一容器加入全麥麵粉、小蘇打粉、蛋、鮮奶，攪拌均勻即成麵糊，備用。

3　鍋中倒上一層麵糊乾煎至定型，放上香蕉，包起來煎至兩面金黃即可盛盤。

4　將新鮮柳橙汁淋在香蕉煎餅上，即可享用。

CHAPTER 5
減醣醬料料理

減重瘦身過程，大多數人會過於專注在食材挑選，
而忽略調味料的熱量。
但眾多的料理要如何挑選適合的醬料呢？
這個章節的減醣醬料料理，就能教你做出既好吃
又達到減醣效果的佳餚。

美味減醣 TIPS

❶ 可以用醬冬瓜來取代樹子。

❷ 豆包包入大量的蔬菜，一口咬下飽滿的豆包，香氣
立刻在口中漫延。

01

樹子豆包排

含醣量
59.42g

蛋白質
60.05g

脂肪
19.28g

料理特色　高蛋白
份量　2 人份

豆包是豆製品，加上醃製的樹子來烹調，風味更甘甜。

✦ 材料

豆包 200 公克
紅蘿蔔 50 公克
蘆筍 50 公克
薑末 10 公克
芹菜 50 公克
麵包粉 50 公克
香菜末 10 公克

✦ 調味料

樹子 1 大匙
胡椒粉 1/4 小匙

✦ 作法

1　紅蘿蔔切絲、蘆筍切片、
　　芹菜切末,備用。

2　鍋中放入 1 大匙油,爆
　　香薑末、紅蘿蔔絲、蘆
　　筍片、芹菜段、香菜末、
　　調味料,拌炒均勻成餡
　　料取出,備用。

3　豆皮攤開包入餡料,裹
　　上麵包粉,放入鍋中煎
　　至金黃色撈起即可盛盤。

美味減醣 TIPS

❶ 可以用鴨心或鴨胗來取代鵝腸。

❷ 鵝腸的爽脆口感，加上豆豉的濃香滋味，會忍不住
一口接一口的馬上掃盤。

02

豆豉鵝腸

含醣量
19.92g

蛋白質
24.1g

脂肪
7.3g

料理特色 | 高纖維，無蛋奶
份量 | 2 人份

用豆豉搭配鵝腸，光想像就口水直流。切記鵝腸不可以烹煮太久，口感會變硬，所以請注意烹調時間。

✦ 材料

鵝腸 200 公克
蔥絲 50 公克
辣椒絲 20 公克
「雲林良品」大蒜（片）30 公克
豆豉 10 公克

✦ 調味料

醬油 1 大匙
胡椒粉 1/4 小匙

✦ 作法

1　鵝腸切片，備用。
2　鍋中放入 1 大匙油，爆香辣椒絲、蒜片、豆豉，放入調味料及鵝腸拌炒均勻，再放入蔥絲拌炒即可盛盤。

【黑豆桑】醇釀極品黑豆豉

採用青仁黑豆靜置釀造，絕非黃豆染黑魚目混珠。色澤黑亮，散發濃郁香氣，口感Q彈。不論沾、炒、醃、拌、燒、滷料理方法皆適用。

美味減醣 TIPS
❶ 可以用絞肉來做成麻婆豆腐。
❷ 辣椒含有抗氧化物質「辣椒紅素」，偶爾適當吃點
　微辣的菜餚，除了能增進食慾，還有益人體健康。

03

川味麻辣燙

含醣量
24.88g

蛋白質
24.17g

脂肪
20.55g

料理特色 高蛋白，無蛋奶
份量 3 人份

減醣族群也能吃麻辣燙？只要調整一下調味料，不另加糖，也能享受麻辣好滋味。

✦ 作法

1 鴨血、豆腐、洋地瓜都切小丁，備用。
2 鍋中加入水，放入鹽、豆腐、鴨血汆燙撈起，備用。
3 起鍋爆香蒜末、薑末、花椒粒、辣椒醬，加入300 公克的水及所有調味料，放入豆腐、鴨血、洋地瓜丁燒至入味即可盛盤，最後放上蔥花即可。

✦ 材料

鴨血半塊
豆腐 100 公克
薑末 20 公克
蔥花 10 公克
蒜末 20 公克
洋地瓜 50 公克
花椒粒 5 公克
水 300 公克

✦ 調味料

辣椒醬 2 大匙
醬油 1 大匙
辣油 1 大匙
酒 1 大匙

美味減醣 TIPS

❶ 可以用地瓜取代芋頭。

❷ 全食物的芋頭，膳食纖維含量高，還能促進腸胃蠕動、幫助腸道內好菌增長，能夠增加飽足感，有助控制食量。

04

傳香芋粿

含醣量
107.11g

蛋白質
29.71g

脂肪
59.84g

料理特色　高蛋白，高纖維，無蛋奶
份量　2 人份

這是很好吃的古早味料理，一次做好冷藏起來，可以分多次食用，是好吃又有飽足感的傳統料理。

✦ 材料

芋頭 100 公克
廣達香肉燥 1 罐
香菜 2 公克
全麥麵粉 50 公克
油蔥酥 30 公克
乾香菇絲 50 公克
水 50 公克

✦ 調味料

胡椒鹽 1 大匙

✦ 作法

1　芋頭洗淨去皮、切粗絲，備用。

2　芋頭絲與胡椒鹽及全麥麵粉拌勻，取一容器放入一半芋頭絲，再依序鋪上油蔥酥、乾香菇絲及剩餘芋頭絲，放入蒸籠蒸 15 分鐘取出備用。

3　將肉燥放入鍋中炒香，加入水煮開，再淋於芋頭絲上，最後放上香菜即可。

美味減醣 TIPS

❶ 可以用鯛魚或白帶魚來取代虱目魚。

❷ 虱目魚具有高蛋白、高鈣、高膠原、低膽固醇、低
熱量和低脂肪特性。可以降低膽固醇和預防老人癡
呆症。

05

虱目魚麵線

含醣量
121.93g

蛋白質
56.14g

脂肪
17.68g

料理特色	高蛋白，無蛋奶
份量	2 人份

虱目魚在台灣取得很方便，記得在
烹調虱目魚時，要先將白色的膜洗
乾淨。

✦ 材料

大豆麵線 100 公克
無刺虱目魚 100 公克
薑絲 50 公克
芹菜末 10 公克
高湯 600 公克
紅蘿蔔絲 50 公克

✦ 調味料

醬油 1 大匙
胡椒粉 1/4 小匙

✦ 作法

1　虱目魚切塊，放入鍋中煎香，備用。

2　鍋中加入水煮沸，放入大豆麵線，汆燙至熟撈
　　起，備用。

3　鍋中加入 1 大匙油，爆香薑絲、紅蘿蔔絲，加
　　入高湯、虱目魚、調味料煮至沸騰，加入大豆
　　麵線即可盛盤，撒上芹菜末即完成。

CHAPTER 6
冷凍即時料理

這章節的料理，非常適合忙碌的上班族，
料理完成後可以分裝冷凍，待要食用時，
再取出加熱，即可隨時享用美味好料！
料理方式也很簡單，趁假日先製作好凍起來吧！

美味減醣 TIPS

❶ 可以用雞肉來取代豬肉。

❷ 可以適量攝取地瓜和馬鈴薯這類原型食物，用來代替白米飯，是減醣者家裡一定要準備的食材。

01

雙色燉肉

含醣量
51.08g

蛋白質
45g

脂肪
47.11g

料理特色　高蛋白，高纖維
份量　4 人份

這道菜就算冷藏後再加熱，依然是非常美味的料理。只要照著步驟做，就可以做出不輸餐廳大廚的佳餚。

✦ 作法

1　將馬鈴薯、地瓜去皮切塊，泡冷水備用。

2　取一壓力鍋，加少許油爆香蔥段、薑片，加入排骨丁及所有調味料，再放入馬鈴薯、地瓜及水，蓋上鍋蓋燜煮 8 分鐘，即可取出盛盤。

✦ 材料

馬鈴薯 100 公克
地瓜 100 公克
薑片 10 公克
蔥段 10 公克
「雲林良品」排骨丁 200 公克
水 300 公克

✦ 調味料

醬油 3 大匙

美味減醣 TIPS
❶ 可以用雞絞肉來取代豬絞肉。
❷ 善用香料及辣椒,讓食材變得更美味,也是減醣料
理中不可或缺的好幫手。

02

泰式打拋肉

料理特色	高蛋白，高纖維，無蛋奶
份量	2 人份

含醣量
17.72g

蛋白質
60.81g

脂肪
79.91g

打拋肉也是很適合作為便當菜的料理，減醣者最好自己帶便當減少外食，而這道料理你一定要學會。

✦ 材料

「雲林良品」胛心絞肉 300 公克
辣椒末 20 公克
朝天椒 5 公克
紅蔥頭 20 公克
檸檬葉 2 葉
小蕃茄 8 粒
九層塔 5 公克
蒜末 10 公克
沙拉油 2 大匙

✦ 調味料

泰式魚露 1 大匙
鹽 1/4 小匙
香茅粉 1/4 小匙

【UCOM】德國黑魔法不沾鍋

有了它，即使廚房新手也能輕鬆烹調出令人感動的味道。完美的不沾黏效果，無油可煎蛋、煎牛排、煎雞腿，煎魚不再魚皮分離，冷凍的魚也可煎，連容易黏鍋的麻糬也不會黏鍋。德國手工鑄造，導熱快速，為一般不鏽鋼鍋的 16 倍。屢屢被世界冠軍廚師指定為比賽專用鍋，除了炸、烤、炒、燉，還可以做蛋糕。

✦ 作法

1　朝天椒切碎，紅蔥頭剝去外皮切碎，小蕃茄對切，九層塔去老梗，備用。檸檬葉去筋膜撕成 4 等份，備用。

2　原鍋加入油，開中火爆香蒜末、紅蔥頭、辣椒、朝天椒、檸檬葉，炒至香味出來，放入豬絞肉、香茅粉、泰式魚露、米酒、鹽拌炒，最後加入小蕃茄、九層塔翻炒均勻即可盛盤。

美味減醣 TIPS

❶ 可以用牛肋條取代排骨。

❷ 減醣也要注意烹調方式,並減少使用調味料,除了
吃肉也要搭配蔬菜才健康。

03

無錫排骨

料理特色　高蛋白，無蛋奶
份量　2 人份

含醣量
20g

蛋白質
40.32g

脂肪
47.27g

此道排骨在冷凍之後再覆熱，也是很美味！烹調這道料理時，醬油不能加太多，味道才會平衡。

✦ 材料

「雲林良品」
排骨丁 200 公克
「雲林良品」
青江菜 100 公克
八角 10 公克
「雲林良品」蔥 10 公克
薑 10 公克
水 1 米杯
蕃茄醬 2 大匙
蠔油 1 大匙

✦ 調味料

醬油 2 大匙

✦ 作法

1　排骨汆燙去血水，備用。
2　起鍋爆香蔥、薑、八角、蕃茄醬、蠔油，爆香至香味出來，加入水、調味料及排骨燒至軟爛，置入盤中。
3　青江菜汆燙圍邊即完成。

美味減醣 TIPS
❶ 可以用豬肉取代雞肉。
❷ 花雕雞不能煮太久，否則口感會不夠軟嫩。

04

花雕雞

含醣量
48.73g

蛋白質
72.01g

脂肪
12.66g

料理特色 高蛋白，無蛋奶
份量 2 人份

這道花雕雞料理真的香氣十足又很簡單，喜愛酒香味的你一定會愛上的。

✦ 材料

「美饌雞」雞腿肉 300 公克
芹菜 100 公克
白胡椒粒 10 公克
蔥段 10 公克
蒜片 10 公克
薑片 10 公克

✦ 醃料

醬油 1 大匙
全蛋液 1 大匙
玉米粉 1 大匙

✦ 調味料

醬油 3 大匙
花雕酒 5 大匙

✦ 作法

1 雞腿肉切塊加入醃料拌
   勻,芹菜切段,備用。

2 起油鍋放入雞腿肉煎至
   金黃色撈起,備用。

3 鍋中加入 1 大匙油,爆
   香蒜片、白胡椒粒、薑
   片,放入雞腿肉、調味
   料、蔥段,燒至湯汁收
   乾,最後放入芹菜拌炒
   均勻即可盛盤。

美味減醣 TIPS

❶ 可以用排骨取代雞腿。

❷ 用金銀蒜烹調的雞湯，除了營養更甘甜！滿滿的優質蛋白質雞湯，暖了心也暖了胃。

05

金銀蒜雞湯

料理特色 高蛋白，無蛋奶

份量 2 人份

含醣量
37.83g

蛋白質
106.18g

脂肪
17.42g

將一半的蒜頭炸成金黃，就是「金蒜」；而另一半的用熱油澆淋，就是「銀蒜」。加入雞肉和蛤蜊，使湯頭充滿蒜香和鮮味。

✦ 材料

「法洛斯土雞」土雞腿 400 公克
蒜頭 100 公克
枸杞 10 公克
「雲林良品」冠軍文蛤 150 公克
水 1000 公克

✦ 調味料

鹽 1/4 小匙

✦ 作法

1 土雞腿切塊，蒜頭取一半煎至金黃色，備用。

2 鍋中加入水煮沸，放入雞腿汆燙撈起，備用。

3 鍋中加入 1000 公克水煮沸，放入作法 1 的蒜頭、其餘生的蒜頭、雞肉、枸杞、調味料，蓋上鍋蓋煮至熟成，開蓋加入蛤蜊煮開即完成。

美味減醣 TIPS

❶ 可以用排骨取代雞腿。

❷ 蟲草是補身的好藥材，燉一鍋營養豐富的蟲草雞湯，
為一家人增強免疫力。

06

蟲草燒雞

料理特色　高蛋白，高纖維，無蛋奶

份量　2 人份

含醣量
34.09g

蛋白質
93.49g

脂肪
16.6g

蟲草燒雞有一種特殊的迷人香氣，是道養生的料理，喜歡的人一定會愛上它。

✦ 材料

「桂丁土雞」土雞腿 400 公克
蟲草 50 公克
枸杞 20 公克
紅棗 20 公克

✦ 醃料

醬油 1 大匙
全蛋液 1 大匙
太白粉 1 大匙

✦ 調味料

醬油 2 大匙
胡椒粉 1/4 小匙
水 200 公克

✦ 作法

1　土雞腿去骨切丁，紅棗去籽、蟲草泡發，備用。

2　取一容器放入雞腿丁、醃料，醃至入味備用。

3　鍋中加入兩大匙油，放入雞腿丁拌炒至熟，撈起備用。

4　原鍋放入蟲草、枸杞、紅棗、調味料、雞腿丁，燒至入味即可盛盤。

陳金鋒 重棒推薦！

勁味塔香　　台灣鹽麴

高優質蛋白・減醣首選
鋒士雞胸肉

熟成桂丁雞胸肉

新品上市

法洛斯系列

骨腿切塊　　　清胸肉

美饌雞系列

腿肉　　　　　清胸肉

桂丁雞系列

胸肉切片

骨腿切塊

購物網QRCODE

臺灣土雞王FB粉絲頁

雲林
良品
YUNLIN GOODS

雲林我的菜
良品給你愛

臺灣搖籃│安全食材
如母親的愛│用感情栽培飼養│健康美味

▲ 掃描進入雲林良品官方網站

雲林上場
It's Our Time

紅金醬油＋蘋果淳＋豆瓣醬＋黑豆豉

原價 $ 1490

黑豆桑事業有限公司

QRcode訂貨

活動價 $ 1000

活動即日起至2021 11/31止

東一嚴選

花蓮青農
國際品油師

花蓮青農林一州因食用油品風暴後，從高中畢業後決定往製油志向努力，還在就讀大學時創立「東一嚴選」苦茶油，意旨東部第一、東部唯一的優質苦茶油，在多年努力下考取國際品油師證照，更屢獲多項國際評鑑殊榮，更被大眾譽為「苦茶油王子」。

◆ 榮獲2018比利時ITQI國際風味品質評鑑二星

◆ 榮獲2019義大利MONDE SELECTION 國際品質評鑑大賞金質獎

◆ 榮獲2021荷蘭A.A TASTE AWARDS 無添加頂級美味大獎二星

◆ 榮獲2021英國 GREAT TASTE 太美味大獎三星

頂級苦茶籽完全脫殼經人工嚴選挑選，傳統壓榨保留每滴珍貴營養精華，不添加任何添加物，外觀呈現金黃琥珀色，苦茶油油質穩定發煙點高，特別適合東方人各種美味烹調所需，無論煎、炒、煮、炸都非常適合。

東一州農產食品商行

花蓮市建國路二段396號
訂購電話：0932-128786

SGS 東一嚴選苦茶油通過了
SGS嚴格把關請您安心食用

無農藥檢驗字號：FA-2016-C2094
無重金屬檢驗字號：FA-2016-C2094A-01
無黃麴毒素檢驗字號：FA-2016-C2094A-01

LINE　　　FB粉絲專頁　　　官網

Orange Taste 23

減醣家常菜
—「台菜小天王」溫國智的台式減醣料理

作者：溫國智

出版發行

橙實文化有限公司 CHENG SHI Publishing Co., Ltd

粉絲團 https://www.facebook.com/OrangeStylish/

MAIL: orangestylish@gmail.com

作　　者	溫國智	
審　　訂	洪菁穗	
協助拍攝	吳建達	
總 編 輯	于筱芬	CAROL YU, Editor-in-Chief
副總編輯	謝穎昇	EASON HSIEH, Deputy Editor-in-Chief
業務經理	陳順龍	SHUNLONG CHEN, Sales Manager
美術設計	點點設計	

製版／印刷／裝訂 皇甫彩藝印刷股份有限公司

贊助廠商

出版發行

橙實文化有限公司 CHENG SHIH Publishing Co., Ltd

ADD／桃園市中壢區永昌路147號2樓

2F., No. 147, Yongchang Rd., Zhongli Dist., Taoyuan City 320014,

Taiwan (R.O.C.)

MAIL: orangestylish@gmail.com

粉絲團 https://www.facebook.com/OrangeStylish/

經銷商

聯合發行股份有限公司

ADD／新北市新店區寶橋路235巷6弄6號2樓

TEL／（886）2-2917-8022　FAX／（886）2-2915-8614

初版日期 2023年11月

68 EASY LOW CARB RECIPES.

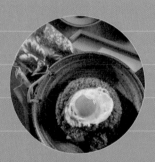

68 EASY LOW CARB RECIPES.

68 EASY LOW CARB RECIPES.